U0151090

综合能源业务实用手册

吴　琦　王　振　鲍晓华　吴可汗　张光亚
马璐瑶　应　春　姜　睿　王克峰　　编著

机 械 工 业 出 版 社

本书全面透彻地分析了综合能源系统的运行过程，尤其是其内部机构和运行特性，内容顺应了工程实践的实际发展需要，且具有很强的实操性。

本书分别从能源转型、能耗特点以及能效标准，新能源背景下电能的生产、供应、储存，制热、制冷，热电联产技术和发展，通用用电设备和常见的工业用电设备，综合能源系统的商业模式和信息化平台等方面展开讲解，介绍了一些实际的综合能源服务案例，对未来综合能源服务市场的前景进行了展望。

本书可作为从事能源工作的专业技术人员的工具用书，也可作为高等学校能源动力、电气类专业的参考教材。

图书在版编目（CIP）数据

综合能源业务实用手册/吴琦等编著 . —北京：机械工业出版社，2023.2（2025.1 重印）

ISBN 978-7-111-72445-2

Ⅰ. ①综⋯ Ⅱ. ①吴⋯ Ⅲ. ①能源管理系统-手册 Ⅳ. ①TK018-62

中国国家版本馆 CIP 数据核字（2023）第 010599 号

机械工业出版社（北京市百万庄大街 22 号 邮政编码 100037）
策划编辑：李小平　　　　　　责任编辑：李小平
责任校对：肖 琳 张 薇　　封面设计：鞠 杨
责任印制：郜 敏
北京富资园科技发展有限公司印刷
2025 年 1 月第 1 版第 2 次印刷
169mm×239mm · 14.25 印张 · 252 千字
标准书号：ISBN 978-7-111-72445-2
定价：89.00 元

电话服务　　　　　　　　　　网络服务

客服电话：010-88361066　　　机 工 官 网：www.cmpbook.com
　　　　　010-88379833　　　机 工 官 博：weibo.com/cmp1952
　　　　　010-68326294　　　金 书 网：www.golden-book.com
封底无防伪标均为盗版　　机工教育服务网：www.cmpedu.com

前　言

随着我国经济的快速发展，能源需求也逐渐提高。传统的能源供应系统单独规划、单独设计和独立运行的用能方式由于能耗高、能效低，无法满足"碳达峰、碳中和"的要求。综合能源服务作为一种互补互济、多系统协调优化的能源供应和消费模式，近年来在提升能源开发和使用效率、提高可再生能源消纳比例上发挥了重要作用，已成为推动能源转型升级、践行能源革命的重要途径。

在能源转型的大背景下，本书对综合能源系统进行了全面透彻分析和研究，对从事综合能源业务的专业技术人员有一定的指导意义。

本书顺应综合能源工程实践的发展需要，旨在编写一本既能让读者学习到能源转型下各类能源技术的基础理论知识，同时又具有很强实用性和前瞻性。

全书总共分为 10 章：第 1 章为对能量、能源、能耗、能效等基本概念的介绍，包括能量形式分类与转化、能源转型、能耗特点以及能效标准等；第 2 章论述了新能源背景下电能的生产、供应、储存等相关知识；第 3 章和第 4 章分别对制热、制冷供应的相关知识进行了介绍；第 5 章对热电联产技术和发展进行了论述；第 6 章对一些重要的用电设备进行了论述，包括常见的通用用电设备和常见的工业用电设备；第 7 章和第 8 章分别对综合能源系统的商业模式和信息化平台进行了系统的论述；第 9 章介绍了一些实际的综合能源服务案例；第 10 章则对综合能源服务市场的前景进行了展望。

由于本书内容丰富，涉及专业领域众多，加之时间仓促和编者水平所限，书中难免有不妥之处，还请广大读者批评指正。

编者
2022 年 9 月

目　录

第**1**章

能量、能源、能耗、能效

1.1　概述

用能总量和用能方式决定了人类文明的发展方向，也是衡量一个社会形态、一个时代、一个国家经济发展、科技水平和民族振兴的重要标志。

随着经济全球化进程的加快，能源供应国际化所面临的地域政治控制威胁也在加剧。我国正处于工业化建设的关键发展阶段，是世界第二大能源消费大国，能源供应的保障是经济与社会发展的基础条件，因此必须加强对能源战略的认识和应对策略的研究。

1.2　能量

目前而言，对于能量最常见的定义是"做功的能力"。这种表述很简单，但其含义却深刻得多。为了清楚地理解能量的这一定义，我们不能将做功仅仅想象为机械作用，而应从广义的角度将其视为受影响的系统中所有会导致变化的过程。总能量是一个系统所拥有的所有形式能量的总和。在没有磁、电和表面张力效应时，一个系统的总能量包含动能、势能与内能。

1.2.1　能量的形式

能量以大量不同的形式存在，比如运动、热、光、电、化学、核能以及重力等。这些不同形式的能量之间可以通过物理效应或化学反应而相互转化。各种场也具有能量。

能量不是一种容易定义的单一存在形式，而是一种涵盖多种自然和人为现象的抽象的集合概念。这些现象最常见的形式有热（热能）、运动（动能或机械能）、光（电磁能）以及燃料和食物中的化学能。其中某些能量之间的转化是生命得以存在的基础：光合作用会将光的一部分电磁能变成细菌和植物的化学能，而烹饪和加热则是将生物质如木材、木炭、稻草或化石燃料（如煤、石油、天然气）中的化学能转化为热能。另外，还有一些能量转化过程给我们带来了极大的便利：电池中化学能向电能的转化驱动着数十亿台手机、收音机和电动车等。生物质和由死后的生物体转化而成的化石燃料中含有大量的化学能，这种能量保存在生物组织和燃料的化学键中，可以通过燃烧即快速氧化发生放热反应产生热能。这个过程会形成新的化学键，生成二氧化碳，另外通常还会释放出氮，并排放出硫氧化物，如果燃烧的是液体或气体燃料，还会产生水。

1.2.2 能量形式的转化

各种能量都会以各自不同的形式做功。例如，击穿夏季天空的闪电，其做功方式与巨型港口起重机从码头上抓起大型钢箱然后将它们高高地堆放在集装箱船上的做功方式有很大不同，这种差异产生的原因来自一大基础物理现实：能量以多种形式存在，而且能以不同的方式进行转化。

从星系层面到亚原子层面，从生物演化的漫长时间到瞬息即逝的短暂时间，能量及其转化过程存在于不同的时间和空间尺度上。闪电的做功过程持续时间不到1s，但会照亮和加热周围的空气，并分解氮气分子，在这个过程中，云与云或云与地之间放电的电能转化为电磁能、热能和化学能。而集装箱港口堆垛起重机的电动机则夜以继日地做功，将电能转化为机械能和被装载货物的势能。常见能量形式之间的转化方式见表1-1。

表1-1 常见能量形式之间的转化方式

新能量形式	原能量形式				
	电磁能	化学能	热能	动能	电能
电磁能	——	化学发光	热辐射	加速中的电荷	电磁辐射
化学能	光合作用 光化学反应	化学加工	煮沸分解	超声辐射分解	电解
热能	太阳能吸收	燃烧	热交换	摩擦	电阻加热
动能	辐射计	新陈代谢	热膨胀	齿轮	电动机
电能	光电	燃料电池 化学电池	热电 热离子学	常规发电机	——

每一种文明从根本上来说都以太阳能为基础，但现代世界已在两个重要方面有所不同：现代文明依赖于煤与碳氢化合物（原油和天然气）等以化石形式

保存的太阳能；越来越依赖电能，而发电的方式包括燃烧化石燃料、收集太阳辐射（基本上都是通过水和风等间接形式）、使用地球的热能（地热能）和使用核能。

1.3　能源

　　能源亦称能量资源或能源资源，是指可产生各种能量（如热量、电能、光能和机械能等）或可做功的物质的统称，即能够直接取得或者通过加工、转换而取得有用能的各种资源，包括煤炭、原油、天然气、煤层气、水能、核能、风能、太阳能、地热能、生物质能等一次能源和电力、热力、成品油等二次能源，以及其他新能源和可再生能源。能源是国民经济的重要物质基础，未来国家命运取决于能源的掌控。能源的开发和有效利用程度以及人均消费量是生产技术和生活水平的重要标志。

1.3.1　能源分类

　　（1）能源按来源可分为：

　　1）来自太阳的能量。包括直接来自太阳的能量（如太阳光热辐射能）和间接来自太阳的能量（如煤炭、石油、天然气、油页岩等可燃矿物，薪材等生物质能，水能和风能等）。

　　2）来自地球本身的能量。一种是地球内部蕴藏的地热能，如地下热水、地下蒸汽、干热岩体；另一种是地壳内铀、钍等核燃料所蕴藏的原子核能。

　　3）月球和太阳等天体对地球的引力产生的能量，如潮汐能。

　　（2）能源按产业可分为（见图 1-1）：

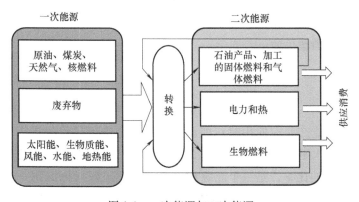

图 1-1　一次能源与二次能源

1）一次能源。一次能源可直接从环境提取或获取，如煤炭、石油、天然气、水能等。一次能源又分为可再生能源（水能、风能及生物质能）和非再生能源（煤炭、原油、天然气等）。其中煤炭、石油和天然气三种能源是一次能源的核心，它们为全球能源的基础；除此以外，太阳能、风能、地热能、海洋能、生物质能等可再生能源也属于一次能源。

2）二次能源。指由一次能源加工转换而成的能源产品，如电力、煤气、蒸汽及汽油、柴油、焦炭、洁净煤、激光和沼气等能源都属于二次能源。

（3）能源按使用类型可分为：

1）常规能源。利用技术成熟、使用比较普遍的能源叫作常规能源。包括一次能源中的可再生的水力资源和不可再生的煤炭、原油、天然气等资源。

2）新型能源。新近利用或正在着手开发的能源叫作新型能源。新型能源是相对于常规能源而言的，包括太阳能、风能、地热能、海洋能、生物质能、氢能等能源。由于新能源的能量密度较小，或品位较低，或有间歇性，按已有的技术条件转换利用的经济性尚差，还处于研究、发展阶段，只能因地制宜地开发和利用；但新能源大多数是可再生能源，资源丰富、分布广阔，是未来的主要能源之一。

燃料乙醇、生物柴油、风能和太阳能正逐渐成为重要的替代能源，20 世纪 90 年代以来，风能发电和太阳能发电的年均增长率在 30% 以上。

1.3.2　能源转型形势

在应对气候变化和推动低碳发展的大背景下，国际能源体系正在经历深刻变革。全球主要国家均加快了淘汰化石能源的步伐，同时加大对清洁能源的投资力度，大力推动能源体系的低碳转型。德国、英国等先后提出了明确的能源转型计划，不少发展中国家也提出了能源转型的目标与措施。与此同时，我国出于对能源安全、气候变化及生态环境等发展面临多重问题的考虑，也在积极推动能源生产和消费革命。

1.4　能耗

能耗是指用能产品在使用时对能源消耗量大小进行评价的指标。单位能耗是反映能源消费水平和节能降耗状况的主要指标，一次能源供应总量与国内生产总值（GDP）的比率，是一个能源利用效率指标。该指标说明一个国家经济活动中对能源的利用程度，反映经济结构和能源利用效率的变化。

能耗管理内容主要包括建立健全能源管理机构；组织稳定的节能管理者管

理能源，合理利用、实施节能措施等；完善能源管理制度，对节约能源和浪费能源有相应的奖惩制度等；合理组织生产，根据生产实际情况确定生产机器运行数量，确保设备合理负荷率等；加强能源计量管理，建立健全能源计量器具，对能源的消耗进行正确的计算、统计和核算；建立健全仪表维护检修制度，强化节能监测。

1.4.1　我国民用能耗特点

1）南方和北方能耗差异大。我国处于北半球的中低纬度，地域广阔，冬季自北向南跨越严寒、寒冷、（夏热）冬冷、温和以及（夏热）冬暖等多个气候带。夏季最热月大部分地区室外平均温度超过26℃，需要空调；冬季气候地区差异很大，夏热冬暖地区的冬季平均气温高于10℃，而严寒地区冬季室内外温差可高达50℃，全年5个月需要采暖。我国北方地区的城镇约70%的建筑面积冬季采用了集中采暖方式，而南方大部分地区冬季无采暖措施，或只是使用空调器、小型锅炉等分散采暖方式。

2）城乡住宅能耗差异大。我国城乡住宅使用的能源种类不同：城市以煤、电、燃气为主，而农村除部分煤、电等商品能源外，在许多地区，秸秆、薪柴等生物质能仍为农民的主要能源。另外，我国目前城乡居民平均每年消费性支出差异较大，城乡居民各类电器保有量和使用时间差异较大，这也是城乡住宅能耗差异大的原因。

3）面积能耗差异大。当单栋建筑面积超过$2 \times 10^4 \mathrm{m}^2$且采用中央空调时，其单位建筑面积能耗是小规模不采用中央空调的公共建筑能耗的3~8倍，并且其用能特点也与小规模公共建筑不同。因此，将公共建筑分为大型公共建筑与一般公共建筑两类。

1.4.2　我国民用能耗分类

1）北方城镇建筑采暖能耗。黄河流域以北地区，包括黑龙江、吉林、辽宁、内蒙古、新疆、青海、甘肃、宁夏、山西、北京、天津、河北的全部城镇及陕西北部、山东北部、河南北部的部分城镇，这些地区采暖能耗与建筑物的保温水平、供热系统状况和采暖方式有关。

2）长江流域住宅采暖能耗。长江流域一带冬季也有短期出现0℃左右的外温，但日均温很少低于0℃，一年内日均温度低于10℃的天数一般不超过100天。历史上这些地区都不属于法定的建筑采暖区，除少数高档建筑外，一般都采用局部采暖方式。城镇建筑的采暖方式变成电暖气、热泵式空调以及部分区域的集中式供暖。

3）城镇住宅除采暖外能耗。城镇住宅除采暖外能耗包括照明、家电、空调、炊事等城镇居民生活能耗。除空调能耗因气候差异而随地区变化外，其他能耗主要与经济水平有关。

4）大型公共建筑除采暖外能耗。大型公共建筑是指单体面积在 $2\times10^4\,m^2$ 以上且全面配备中央空调系统的高档办公楼、宾馆、大型购物中心、综合商厦、交通枢纽等建筑。其能耗主要包括空调系统、照明、电梯、办公用电设备和其他辅助设备等。

5）一般公共建筑除采暖外能耗。一般公共建筑是指单体建筑面积在 $2\times10^4\,m^2$ 以下的公共建筑或单体建筑面积超过 $2\times10^4\,m^2$ 但没有配备中央空调的公共建筑，包括普通办公楼、教学楼、商店等，其能耗包括照明、办公用电设备、分体式空调等。

6）农村建筑能耗。农村建筑能耗包括炊事、照明、家电等用能。农村秸秆、薪柴等非商品的消耗量很大，而且此类建筑能耗因地域和经济发展水平不同差异也很大。

1.4.3　降低能耗的一般措施

降低能耗可根据用能的不同方式，针对情况采取节能措施。通用的方法有：

1）选择节能组件，以降低产品的能耗。

2）加装节能器，减少能耗。加装变频器，通过改变电机的运转速度、软启动等技术手段，达到节电目的，这适合风机、水泵等负荷经常变化，没有恒速要求的场合；加装节电器，通过降低电压、消除谐波、抑制浪涌、调节无功等技术手段，达到节电目的，这适合对电压变化不敏感的用电场合。

3）计算机远程监控，科学用能。利用计算机远程监控技术，监控用能设备的用能时间、用能状况，分析判断用能设备的运行状况，合理地调度能源负荷，使用能设备长期处于最佳的用能状态，按"所需即所供"的原则科学用能，实现终端用能设备耗能的科学管理和有效利用。

4）加强管理，节约用能。通过广泛的、形式多样的宣传教育活动，增强人们的节能意识。通过严格的规章制度，杜绝使用不合理的用能设备。通过现场巡视检查，制止能源浪费现象。

5）错峰用电，减少费用。合理调整用电时间，积极利用峰谷电价差，将部分或全部的高峰用电时间，转移到低谷时段，起到削峰填谷、优化负荷调整的作用。

6）采用新设备、新工艺、新材料降耗。如：采用新型耐火纤维等优质保温材料后，使得炉窑散热损失明显下降；采用先进的燃烧装置强化了燃烧，降低了不完全燃烧量，空燃比也趋于合理；降低排烟热损失和回收烟气余热的技术，为了进一步提高窑炉的热效率。

1.5　能效

能效，是能源效率的简称，是指能源开发、加工、输送、转化、利用等各个过程的效率。世界能源委员会对能源效率定义为"减少提供同等能源服务的能源投入"。能源效率是单位能源所带来的经济效益多少的问题，带来的多说明能源效率高。所谓"高能效"，是指用更少的能源投入提供同等的能源服务。节能是节约能源的简称，是指通过加强用能管理，采用技术上可行、经济上合理及环境和社会可承受的措施，减少能源生产消费各个环节中的损失和浪费，更加有效、合理地利用能源。

可见，能效与节能从本质上来讲基本是一致的，能效既包含了节能的内容，如节电、节水、节油、节煤、节气等，又可以从更深层次揭示企业应用能源的综合效益及企业运营成本的关系。企业运营成本中相当部分是与能源及设备密切相关的，节约能源，为设备提供最佳运行环境、延长设备使用寿命、提高设备生产力、减少设备故障率、降低设备维护及更新费用，已经成为企业核心竞争力的重要组成部分。

1.5.1　能效标准

能效标识是能源效率标识的简称，是指表示用能产品能源效率等级等性能指标的一种信息标识，属于产品符合性标志的范畴。

作为一种信息标签，它的作用是为用户和消费者的购买决策提供必要的信息，以引导用户和消费者选择高效节能产品。

能效等级是用能设备能效高低的一种分级方法。根据国家的相关标准规定，中国的能效标识将能效标准分为三个等级（部分为五个等级）。家用电器常见的中国能效等级标识如图 1-2 所示。

用能产品设备强制性能效标准分为 3 级（部分为 5 级）。其中 1 级水平应对标国内或国际同类用能产品设备能效领先水平，原则上其取值应代表同类用能产品设备前 5% 左右的能效水平；2 级水平作为节能产品认证依据及新建和改扩

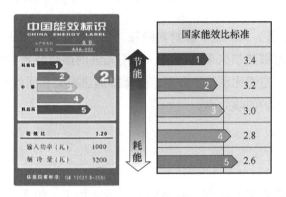

图 1-2　中国能效标识

建项目设备采购依据，原则上其取值应代表同类用能产品设备前 20% 左右的能效水平；3 级（或 5 级）水平是用能产品设备进入市场的最低能效水平门槛，根据各类用能产品设备的技术特点及能效现状，原则上应淘汰 20% 左右的落后用能产品设备。《重点用能产品设备能效先进水平、节能水平和准入水平（2022年版）》涉及的产品设备，其强制性能效标准的 1 级、2 级、3 级（或 5 级）应与现行先进水平、节能水平、准入水平保持协调。

能效标准与能效标识已被证明是在降低能耗方面成本效益最佳的途径，同时将带来巨大的环境效益，也为消费者提供了积极的回报。

国家对节能潜力大、使用面广的用能产品实行能效标识管理，具体产品实行目录管理，并规定统一适用的产品能效标准、实施规则、能效标识样式和规格。凡列入《中华人民共和国实行能源效率标识的产品目录》的用能产品必须依照规定使用能效标识。部分用能设备能效规定国家标准值见表 1-2。

表 1-2　部分用能设备能效规定国家标准值

用能设备	能效名称及单位	规定标准值
风机	效率 η（%）	$\eta \geqslant 70$
水泵	效率 η（%）	$\eta \geqslant 60$
电机加泵组成的泵机组	效率 η_g（%）	电机功率在 5~50kW 之间时，$\eta_g \geqslant 37$
		电机功率在 50~250kW 之间时，$\eta_g \geqslant 44$
		电机功率 $\geqslant 250$kW 时，$\eta_g \geqslant 51$
电机、泵和输液管网组成的泵机组液体输送系统	效率 η_{sys}（%）	电机功率在 5~50kW 之间时，$\eta_{sys} \geqslant 30$
		电机功率在 50~250kW 之间时，$\eta_{sys} \geqslant 35$
		电机功率 $\geqslant 250$kW 时，$\eta_{sys} \geqslant 45$

（续）

用能设备	能效名称及单位	规定标准值
空气压缩机组及 供气系统	空气压缩机排气温度 t_p/℃	风冷 $t_p \leqslant 180$℃
		水冷 $t_p \leqslant 160$℃
	压缩机冷却水进水温度 t_1/℃	$t_1 \leqslant 35$℃
	压缩机冷却水进出水温差/℃	按产品规定
	空气压缩机组用电单耗/ （kW·h/m³）	电动机功率≤45kW 时，空气压缩机组用电单耗为 0.129（kW·h）/m³
		电动机功率在 55~160kW 时，空气压缩机组用电单耗为 0.115（kW·h）/m³
		电动机功率≥200kW 时，空气压缩机组用电单耗为 0.112（kW·h）/m³
电机加风机组成 的风机机组	电能利用率 H_j（%）	电动机功率在 11~45kW 之间时，$H_j \geqslant 50$
		电动机功率≥45kW 时，$H_j \geqslant 60$
电动机	负载率 β（%）	$\beta \geqslant 40$
企业供配电系统	日负荷率 k_f（%）	连续生产时，$k_f \geqslant 90$
		三班制生产时，$k_f \geqslant 80$
		二班制生产时，$k_f \geqslant 55$
		一班制生产时，$k_f \geqslant 30$
企业用电体系	功率因数 $\cos\phi$（%）	$\cos\phi \geqslant 90$
企业用电系统	线损率 α（%）	一次变压，$\alpha \leqslant 3.5$
		一次变压，$\alpha \leqslant 5.5$
		一次变压，$\alpha \leqslant 7$
蒸汽加热设备	外表面温度 t_{bm}/℃	$t_{bm} \leqslant 50$
	乏汽温度 t_{fq}/℃	$t_{fq} \leqslant 100$
	干燥和综合用气设备排气温度 t_{pq}/℃	$t_{pq} \leqslant 75$
电能设备	效率 η（%）	$\eta \geqslant 40$
工业电热设备	电能利用率 η（%）	连续生产时，$\eta \geqslant 40$
		间歇生产时，$\eta \geqslant 30$
	表面升温 Δt/℃	额定温度 t_3 在 200~600℃ 时，$\Delta t \leqslant 30~50$℃

（续）

用能设备	能效名称及单位	规定标准值
工业炉窑体外表面温度	侧墙温度 t_{bme}/℃	当炉内温度 t_{in} 在 700~1500℃ 时，$t_{bme} \leqslant$ 60~120℃（对应分 5 档）
	炉顶温度 t_{bmd}/℃	当炉内温度 t_{in} 在 700~1500℃ 时，$t_{bmd} \leqslant$ 80~140℃（对应分 5 档）
火焰加热炉		
炉体外表面温度 t_{bme}	侧墙温度 t_{bme}/℃	当炉内温度 t_{in} 在 700~1500℃ 时，$t_{bme} \leqslant$ 50~115℃（对应分 5 档）
	炉顶温度 t_{bmd}/℃	当炉内温度 t_{in} 在 700~1500℃ 时，$t_{bmd} \leqslant$ 90~160℃（对应分 5 档）
工业热处理电炉	炉壳表面温升 $\Delta\theta_n$/℃	额定温度 θ_n = 650~1500℃ 时，$\Delta\theta_n \leqslant$ 50~100℃（对应分 5 档）
	炉门或炉盖表面温升 $\Delta\theta_n$/℃	额定温度 θ_n = 650~1500℃ 时，$\Delta\theta_n \leqslant$ 50~130℃（对应分 5 档）（盐浴炉无门、盖壁温值）
设备管道及附件	散热损失 q/(W/m²)	常年运行时外表面温度 t_{bme} = 50~650℃ 时，$q \leqslant$ 58~314℃（对应分 13 档）
凝结水回收评定指标	优级（%）	完好率≥95
	合格（%）	90≤完好率<95
	不合格（%）	完好率<90
蒸汽疏水阀完好率评定指标	优级（%）	完好率≥95
	合格（%）	90≤完好率<95
	不合格（%）	完好率<90
活塞式空调制冷机组制冷量合格指标		
1）低冷凝压力开启式机组	单位轴功率制冷量/(kW/kW)	单位轴功率制冷量≥2.9
2）高冷凝压力开启式机组	单位轴功率制冷量/(kW/kW)	单位轴功率制冷量≥2.3
3）空调制冷设备冷冻管隔热层	表面温度 t_b 与环境露点温度 t_w 之差/℃	≥1
电焊设备		
1）交流弧电焊机	电能利用率 η（%）	手工电弧焊 $\eta \geqslant 45$
		埋弧焊 $\eta \geqslant 55$

（续）

用能设备	能效名称及单位	规定标准值
2）直流弧电焊机	电能利用率 η（%）	手工电弧焊 $\eta \geqslant 50$
		气体保护焊 $\eta \geqslant 55$

各场所一般照明的控制照度

照明场所	照度/lx
卫生间、楼梯间、储藏室	10～20
库房、室内走道	15～30
客房、电梯间	30～75
酒吧、茶室、咖啡厅	50～100
邮电厅	75～150
商场、会议厅、餐厅、网球场	100～200
大门厅、厨房、健身房	150～300
多功能大厅	300～750

1.5.2　综合能耗计算通则

我国从"十一五"开始施行至今的单位国内生产总值能耗降低的强度指标，是我国在总结以往能源战略和政策经验的基础上，以国民经济规划的强制性目标形式，明确提出的节能量化指标，并将其分解、落实到各地和重点用能单位。与此同时，我国各地区的有关政府部门也在本地区的企业等层面进一步落实地区和重点用能单位所承担的节能目标。因此，《综合能耗计算通则》（GB/T 2589）国家标准就成为用能单位层面进行节能评价与考核的重要技术依据。随着强制性单位产品能耗限额系列标准的制定和实施，《综合能耗计算通则》（GB/T 2589）被广泛应用，为国家节能工作基础性的标准化提供技术支撑，对加强用能单位的能源核算、节能管理和能效提升具有重大影响。

综合能耗是指在统计报告期内生产某种产品或提供某种服务实际消耗的各种能源实物量，按规定的计算方法和单位分别折算后的总和。对生产企业，综合能耗是指统计报告期内，主要生产系统、辅助生产系统和附属生产系统的能耗总和。综合能耗主要用于考察用能单位的能源消耗总量，计算方法如下：

$$E = \sum_{i=1}^{n} (E_i \times k_i) \tag{1-1}$$

式中　E——综合能耗；

　　　n——消耗的能源种类数；

E_i——生产或服务活动中实际消耗的第 i 种能源量（含耗能工质消耗的能源量）；

k_i——第 i 种能源的折标准煤系数。

综合能耗的单位通常为：克标准煤（gce）、千克标准煤（kgce）和吨标准煤（tce）等。

一般来讲，国家、地区节能评价宜用"单位国内生产总值能源消耗"这种宏观指标，而具体到用能单位的节能目标考核，则主要依据"单位产品综合能耗"或"单位产值综合能耗"。单位产值综合能耗是指统计报告期内，综合能耗与用能单位总产值或增加值（可比价）的比值。单位产值综合能耗主要用于考察用能单位的能源效率或能源强度。计算方法如下：

$$e_g = \frac{E}{G} \tag{1-2}$$

式中　e_g——单位产值综合能耗；

　　　G——统计报告期内产出的总产值或增加值（可比价）。

单位产值综合能耗单位通常为：千克标准煤每万元（kgce/万元）、吨标准煤每万元（tce/万元）等。

单位产品综合能耗是指统计报告期内，综合能耗与合格产品产量（作业量、工作量、服务量）的比值。单位产品综合能耗主要用于考察用能单位的能源效率或能源强度。计算方法如下：

$$e_j = \frac{E_j}{M_j} \tag{1-3}$$

式中　e_j——第 j 种产品的单位产品综合能耗；

　　　E_j——第 j 种产品的综合能耗；

　　　M_j——第 j 种产品的合格产品产量。

单位产品综合能耗单位根据产品产量（作业量、工作量、服务量）量纲不同可包括：千克标准煤每千克（kgce/kg）、千克标准煤每立方米（kgce/m³）等。

对同时生产多种产品的情况，应按每种产品实际消耗的能源分别计算。在无法分别对每种产品进行计量、计算时，可折算成标准产品统一计算，或按产量与能耗量的比例分摊计算。

第**2**章

电 能 利 用

2.1 电能的生产

发电即利用发电动力装置将水能、化石燃料（煤炭、石油、天然气等）的热能、核能以及太阳能、风能、地热能、海洋能等转换为电能。发电动力装置按能源的种类分为火电动力装置、水电动力装置、核电动力装置及其他能源发电动力装置。火电动力装置由锅炉、汽轮机和发电机（惯称三大主机）及其辅助装置组成。水电动力装置由水轮发电机组、调速器、油压装置及其他辅助装置组成。核电动力装置由核反应堆、蒸气发生器、汽轮发电机组及其他附属设备组成。

发电量包括全部电力工业、自备电厂、农村小型电厂的火力发电、水力发电、核能发电和其他动力发电。图 2-1 为 2015 年~2021 年中国发电总量及增速，其中 2021 年中国发电量为 81122 亿 kW·h。

图 2-1 2015 年~2021 年中国发电总量及增速

发电厂发电方式主要有：风力发电、水力发电、核能发电、火力发电。其中火力发电属于传统能源发电，风力发电、水力发电、光伏发电属于新能源发电。

2.1.1 传统发电方式

传统电力系统以煤炭、石油、天然气、水能等传统能源作为一次能源，这些一次能源便于存储，且发电技术相对成熟，使得电力系统供应侧是可调控的。具有"一次能源可储、二次能源可控"的特性。

1. 火力发电

火力发电作为传统发电方式的代表，利用可燃物作为燃料生产电能，其基本过程是：化学能→热能→机械能→电能。现在世界上大多数国家都是以燃煤发电为主。煤粉和空气在电厂锅炉炉膛空间内悬浮并进行强烈的混合和氧化燃烧，燃料的化学能转化为热能；热能以辐射和热对流的方式传递给锅炉内的高压水介质，分阶段完成水的预热、汽化和过热过程，使水成为高压高温的过热水蒸气；水蒸气经管道有控制地送入汽轮机，由汽轮机实现蒸气热能向旋转机械能的转换；高速旋转的汽轮机转子通过联轴器拖动发电机发出电能，电能由发电厂电气系统升压送入电网。火力发电厂概貌见图 2-2。

图 2-2 火力发电厂

火力发电相比较其他发电的优点是初期投资少、建设周期短、对场地要求少、不受季节和气候的影响等优点。但其缺点是后期成本高、污染大、对电厂的交通条件要求高。在当今和谐社会、循环经济的环境中尤其是双碳战略提出之后我们在提高火电技术的方向上要着重考虑电力对环境的影响、对不可再生能源的影响，虽然现在中国已有不少核电机组，但火电仍占据电力的大部分市场，火电技术必须不断提高发展，才能适应当今社会的要求。

2. 水力发电

水力发电利用河流、湖泊等，它们位于高处并具有势能，流向低处时将其中包含的势能转化为水轮机的动能，然后利用水轮机作为动力来驱动发电机产生电能。利用水力（带水头）推动水力机械（水轮机）旋转，使水能转化为机械能；如果将另一种机械（发电机）连接到水轮机上，随着水轮机的旋转就可以发电，然后将机械能转化为电能。从某种意义上说，水力发电是将水的势能转化为机械能，再转化为电能的过程。由于水电厂产生的电源电压较低，如果要输送给远方用户，需要通过变压器升压，再通过空中输送线路输送到用户集中区域的变电站，最后降低到适合家庭用户和工厂用电设备的电压，再通过配电线路输送到各种工厂和家庭。

改革开放以来，我国水力发电加速发展，装机容量从 1978 年的 1728 万 kW 增长到 2020 年的 3.7 亿 kW。图 2-3 展示了我国 2005 年以来的水力发电发展现状以及未来预期。

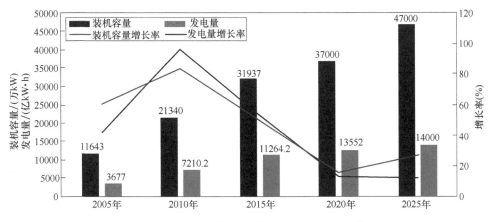

图 2-3　21 世纪我国每五年计划末水力发电发展情况

水力发电具有发电成本低、技术成熟、动力设备效率高、社会综合效益大等优点，但同时也存在着建设周期较长，受地形等因素的影响，容易造成生态破坏等缺点。

2.1.2　新能源发电方式

与传统发电具有"一次能源可储、二次能源可控"的特性不同，对于包括风能、太阳能等在内的新能源来说，无论是集中式还是分布式，其最大的特征是具有间歇性、波动性及随机性。这样的特性导致规模化的新能源电力接入传统系统后，电力系统供应侧可调控性降低，电力系统呈现出较强的供需双侧随机性。

但使用新能源发电的优点很多：

1）新能源清洁干净、污染物排放很少，是与人类赖以生存的地球生态环境相协调的清洁能源。

2）新能源是人类社会未来能源的基石，是化石能源的替代能源，研究和实践表明，新能源资源丰富、分布广泛、可以再生、不污染环境，是国际社会公认的理想替代能源。

3）大力发展可再生能源可相对减少中国能源需求中化石能源的比例和对进口能源的依赖程度，提高中国能源和经济安全。

从长期来看，可再生能源通常会变得更加便宜，而化石燃料通常则会变得更加昂贵。当然，化石燃料发电技术更成熟一些，而可再生能源发电技术也在快速地改进以提高其效率并降低成本。在农村和边远地区，来自化石燃料的能量传输和分配非常困难，成本也非常昂贵，因此在当地开发可再生能源将能够提供一种切实可行的替代方案。

2.1.2.1 光伏发电

1. 概述

太阳能光伏（Photovoltaic，PV）使用半导体材料将光能转换成电力。光伏电池是一种太阳能电池，它是一个将光能直接转换为电力的固态电力装置。电池组装起来被称为太阳电池组件或太阳能面板。太阳电池组件通常以单独组件的阵列方式部署在房顶、建筑物正面，或者是大规模地面阵列上。一个组件包含多个联合连接的太阳电池。大多数晶体组件通常包含 60～72 个电池。光伏电池和组件使用各种不同的半导体，它们有三种类型：①晶体硅；②薄膜；③聚光器。光伏系统产生直流电，如果系统输出要用于电网并网，它必须通过一个逆变器转换成交流电。我国 2014～2021 年光伏装机容量如图 2-4 所示。

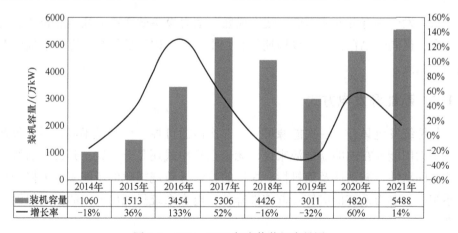

	2014年	2015年	2016年	2017年	2018年	2019年	2020年	2021年
装机容量	1060	1513	3454	5306	4426	3011	4820	5488
增长率	-18%	36%	133%	52%	-16%	-32%	60%	14%

图 2-4　2014～2021 年光伏装机容量图

太阳光伏系统主要由太阳电池板（组件）、控制器和逆变器三大部分组成，主要部件由电子元器件构成。太阳电池经过串联后进行封装保护可形成大面积的太阳电池组件，再配合上功率控制器等部件就形成了光伏发电装置。

太阳电池根据所用材料的不同可分为：硅太阳电池、多元化合物薄膜太阳电池、聚合物多层修饰电极型太阳电池、纳米晶太阳电池、有机太阳电池和塑料太阳电池，其中硅太阳电池是发展最成熟的，在应用中居主导地位。

与常规发电技术相比，光伏发电没有中间转换过程，发电过程极为简洁，也不消耗资源；整个系统安全可靠、无噪声、低污染，运行维护和管理简单，利于环境保护。光伏发电系统一般由太阳电池板、直流/交流汇流箱、光伏逆变器、计量仪器仪表、升压变压器或交流负载、监控设备，有的还配有蓄电池等储能设备。

2. 光伏发电系统分类与应用场景

（1）光伏发电系统分类

光伏发电系统主要分为独立光伏发电系统和并网光伏发电系统：

1）独立光伏发电也叫离网光伏发电。主要由太阳电池组件、控制器、蓄电池组成，若要为交流负载供电，还需要配置交流逆变器。独立光伏电站包括边远地区的村庄供电系统，太阳能户用电源系统，通信信号电源、阴极保护、太阳能路灯等各种带有蓄电池可以独立运行的光伏发电系统。

2）并网光伏发电系统就是太阳能组件产生的直流电经过并网逆变器转换成符合工频交流电（又称市电）电网要求的交流电之后直接接入公共电网。

并网光伏发电系统又分为集中式大型并网光伏电站和分布式并网光伏电站：

① 集中式大型并网光伏电站主要特点是将所发电能直接输送到电网，由电网统一调配向用户供电。由于大型光伏电站投资大、建设周期长、占地面积大，一般建设在偏远的荒漠地区，需要建设长距离的输电线路。

② 分布式并网光伏电站，特别是光伏建筑一体化发电系统，是用户侧的光伏发电系统。其特点是无需输电线路、就地消纳、大多数依靠建筑物的屋顶建设、不占用土地资源，在欧美占有主要的比例，我国也开始大规模鼓励和建设分布式光伏发电系统。

（2）分布式光伏发电

分布式光伏发电系统是指在用户现场或靠近用电现场配置较小的光伏发电供电系统，以满足特定用户的需求，支持现存配电网的经济运行，或者同时满足这两个方面的要求。

分布式光伏发电系统的基本设备包括光伏电池组件、光伏方阵支架、直流汇流箱、直流配电柜、并网逆变器、交流配电柜等设备，另外还有供电系统监控装置和环境监测装置。其运行模式是在有太阳辐射的条件下，光伏发电系统的太阳电池组件阵列将太阳能转换输出的电能，经过直流汇流箱，集中送入直流配电柜，由并网逆变器逆变成交流电供给建筑自身负载，多余或不足的电力通过连接电网来调节。

（3）分布式光伏发电应用场景

分布式光伏系统的适用场合可分为三大类：

1）可在全国各类建筑物（如城市和农村的建筑屋顶、高耗能企业厂房等）和公共设施上推广，形成分布式建筑光伏系统。选择骨干电网覆盖区或负荷集中区，利用当地各类建筑物和公共设施，建立分布式光伏发电系统。

2）可在我国偏远农牧区、海岛等偏远地区推广，形成离网型分布式光伏发电系统或微电网。发展离网型分布式发电系统，不仅可以解决偏远地区的用电问题，还可以清洁高效地利用当地的可再生能源，有效地解决了能源和环境之间的矛盾。

3）利用荒山荒坡、农业大棚或鱼塘禽舍等设施，建设农光互补、渔光互补新能源发电设施。

3. 分布式光伏发电的投资与收益

分布式光伏发电系统产出是电能。以自发自用、余电上网、全额上网为主要应用方式，其主要指标有以下几项：

（1）电站建设地辐照度

太阳辐照度是指太阳辐射经过大气层的吸收、散射、反射等作用后到达地球固体表面上单位面积单位时间内的辐射能量。其单位为：瓦/平方米（W/m^2）。

（2）可安装面积及装机容量

根据业主的可安装光伏发电系统的建筑面积来确定装机容量及投资额。

（3）系统效率

光伏电站系统效率，是光伏电站质量评估中最重要的指标。IEC 61724-1 给出的光伏电站系统效率计算公式如下：

$$PR_T = \frac{E_T}{P_e h_T} \tag{2-1}$$

式中　PR_T——在 T 时间段内光伏电站的平均系统效率；

　　　E_T——在 T 时间段内光伏电站输入电网的电量；

　　　P_e——光伏电站组件装机的标称容量；

　　　h_T——T 时间段内方阵面上的峰值日照时数。

以我们最容易理解的年均 PR 来说，如果方阵面上接收到的年总辐射量是

$1600\mathrm{kW}\cdot\mathrm{h/m^2}$，那就是说方阵面上的峰值日照时数是 1600h；如果计量电度表记录的年发电量是 $1300\mathrm{kW}\cdot\mathrm{h/kW}$；那么年 PR 就是：

$$PR_Y=\frac{E_Y}{P_e h_Y}=\frac{1300\mathrm{kW}\cdot\mathrm{h}}{1\mathrm{kW}\times1600\mathrm{h}}=0.8125 \tag{2-2}$$

（4）投资成本（系统设备费用、租赁费用、运行维护费用）

投资成本包括系统设备费用、租赁费用、工程建设费用、运行维护费用等。

（5）自发自用上网比例

光伏发电占用户总负荷的比例。比例小于 1 即可以 100% 消纳，比例大于 1 即有余电上网。

（6）自发自用电价

光伏发电全部在白天，需测算白天 6 点~18 点工商业用户的平均加权电价。

（7）余电上网电价

根据电站所在地区政府脱硫煤电价测算。

（8）发电量测算

根据光伏发电站设计规范 GB/T 50797—2012 第 6.6 条：发电量计算中规定，光伏发电站发电量预测应根据站址所在地的太阳能资源情况，并考虑光伏发电站系统设计、光伏方阵布置和环境条件等各种因素后计算确定。

光伏发电站年平均发电量 E_p 计算如下：

$$E_p=H_A P_{AZ}K \tag{2-3}$$

式中　H_A——水平面太阳能年总辐照量（单位 $\mathrm{kW}\cdot\mathrm{h/m^2}$）；

　　　E_p——上网发电量（单位 $\mathrm{kW}\cdot\mathrm{h}$）；

　　　P_{AZ}——系统安装容量（单位 kW）；

　　　K——综合效率系数。

综合效率系数 K 是考虑了各种因素影响后的修正系数，其中包括：①光伏组件类型修正系数；②光伏方阵的倾角、方位角修正系数；③光伏发电系统可用率；④光照利用率；⑤逆变器效率；⑥集电线路、升压变压器损耗；⑦光伏组件表面污染修正系数；⑧光伏组件转换效率修正系数。

这种计算方法最全面，但是对于综合效率系数的把握，对非资深光伏从业人员来讲，是一个考验，总的来讲，K 的取值在 75%~85% 之间，视情况而定。

（9）国家或地方光伏补贴

需要考虑国家或地方的光伏补贴政策进行收益测算。

2.1.2.2　风力发电

1. 风力发电概述

风力发电是指把风的动能转为电能。风能是一种清洁无公害的可再生能源能源，很早就被人们利用，主要是通过风车来抽水、磨面等。利用风力发电非常环保，且风能蕴量巨大，因此日益受到世界各国的重视。我国风能资源丰富，可开发利用的风能储量约 10 亿 kW，其中陆地上风能储量约 2.53 亿 kW（按陆地上离地 10m 高度资料计算），海上可开发和利用的风能储量约 7.5 亿 kW，共计 10 亿 kW。把风的动能转变成机械动能，再把机械能转化为电力动能，这就是风力发电。风力发电的原理，是利用风力带动风车叶片旋转，再通过增速机将旋转的速度提升，来促使发电机发电。依据风车技术，大约是 3m/s 的微风速度（微风的程度），便可以开始发电。因为风力发电不需要使用燃料，也不会产生辐射或空气污染，风力发电正在世界上形成一股热潮。

我国从 20 世纪 70 年代开始较大规模地开发和应用风力发电机，特别是小型风力发电机，当时研制的风力提水机用于提水灌溉和沿海地区的盐场，研制的较大功率的风力发电机应用于浙江和福建沿海。特别是在内蒙古地区，由于得到了政府的支持和适应了当地自然资源和当地群众的需求，小型风力发电机的研究和推广得到了长足的发展。

家用风力发电机（见图 2-5）是一种分布式电源，主要应用在农村、牧区、山区，发展中的大、中、小城市或商业区附近建筑，解决当地用户用电需求。随着国家不断出台相关扶植政策，家用风力发电机作为分布式电源的一种，以其小型模块化、分散式、布置在用户附近的高效、可靠的发电模式成为一种新型的、具有广阔发展前景的发电方式和能源综合利用方式。

由于石油等不可再生能源价格一直上涨，所以各国都在大力发展可再

图 2-5　家用风力发电机

生能源，而风能便是其中之一。因风能不会产生污染，加上国家政策的支持，相关技术日益成熟，风力发电具有良好的发展前景。随着广大农牧民生活水平提高，用电量不断增加，小型风力发电机组单机功率也因此需求不断得以提高。

2. 风力发电机分类

风力发电机一般有风轮、发电机（包括装置）、调向器（尾翼）、塔架、限速安全机构、储能装置和逆变器等构件组成。发电机由机头、转体、尾翼、叶片组成，各部分功能分别为：叶片用来接收风力并通过机头转为电能；尾翼使

叶片始终对着来风的方向从而获得最大的风能；转体能使机头灵活地转动以实现尾翼调整方向的功能；机头的转子一般是永磁体，定子绕组切割磁力线产生电能。

按照风力发电机主轴的方向分类可分为水平轴风力发电机和垂直轴风力发电机两种：

1）水平轴风力发电机指旋转轴与叶片垂直，一般与地面平行，旋转轴处于水平的风力发电机。水平轴风力发电机相对于垂直轴发电机的优点：叶片旋转空间大、转速高，适合于大型风力发电厂。水平轴风力发电机组的发展历史较长，已经完全达到工业化生产，结构简单、效率比垂直轴风力发电机组高。到目前为止，用于发电的风力发电机都为水平轴，还没有商业化的垂直轴的风力发电机组。

2）垂直轴风力发电机指旋转轴与叶片平行，一般与地面垂直，即旋转轴处于垂直的风力发电机。垂直轴风力发电机相对于水平轴发电机的优点在于：发电效率高，对风的转向没有要求，叶片转动空间小，抗风能力强（可抗 12～14 级台风），启动风速小，维修保养简单。垂直轴与水平轴的风力发电机对比，有以下优势：①同等风速条件下垂直轴发电效率比水平轴的要高，特别是低风速地区；②在高风速地区，垂直轴风力发电机要比水平轴的更加安全稳定；③国内外大量的案例证明，水平轴的风力发电机在城市地区经常不转动，在北方、西北等高风速地区又经常容易出现风机折断、脱落等问题，伤及路上行人与车辆等危险事故。

由于垂直轴风力发电机的这些优点，可以应用于城市公共照明、居民聚集区等水平轴风力发电机很难应用的领域；也可大量用于别墅、多层及高层建筑、通信基站、高速公路、海上油田、海岛、边疆等离网的小型用电。

综合各种因素来看垂直轴风力发电机是未来风电的发展方向，由于水平轴风机在中国已有近 20 年的生产及发展，垂直轴的开发生产也就是近几年的时间，所以随着其优势的不断显现，未来也会像水平轴一样逐步普及的。

3. 风力发电机并网方式及铺设条件

常用的风力发电并网方式有直接并网方式、准同期并网方式、降压并网方式、双馈异步发电机组并网技术、同步发电机的并网技术等。

1）直接并网方式要求发电机与电网相序相同，异步发电机转速达到同步发电机的90%以上就可由测速设备输出发电自动并网信号，空气开关合闸时实现自动并网。

2）准同期并网方式是当发电机转速与同步转速接近时，利用电容实现额定电压的建立，对发电机的频率和电压进行校正实现系统同步。

3）降压并网方式需在发电机和电网之间实现串联电阻、变压器、电抗器等，降低并网运行时对电流的冲击，减低电压下降速度。

4）双馈异步发电机组并网技术利用变频器输出交流励磁，让发电机与电网之间连接，再根据电网电流、电压以及发电机转速来调节励磁电流，对发电机的电压进行准确控制，以此实现并网。

5）同步发电机的并网技术可对励磁电流进行控制调节功率因数，同步发电机的并网技术主要包括准同步并网、自同步并网和变频器并网三种方式，这种技术应用日益广泛。

风力发电场建设的基本条件：

1）该区域常年的风源，在风轮高度上的年平均风速应不小于 6m/s。

2）地形较高位或离海边较近的地方，面积开阔。

3）符合铺设电网条件、极端气候条件、当地电价消费等。

4）需要建立测风塔，测量一年以上的风资源数据。

4. 小型风力发电性能评价指标

（1）启动风速

启动风速：风力发电机可以启动发电的风速，一般 3~5m/s，持续 5~10min 风机自动启动，开始运行。

（2）额定风速

风力发电机以额定功率运行时的风速，各类型风机不同。

相同额定功率时，额定风速越大风轮直径越小，开始调速的风速也越大，有利于控制风力发电机的运转。

额定风速要根据风资源的情况来定，额定风速要针对某个具体的风频分布，但这样风力发电机组成本太高。另一方面，风的分布随机性很大，在同一个地方不同位置都有很大差异；即使同一位置风频分布也会发生变化，因此一般为了适应类似地区的差别，在同一容量的机型中配备几种不同尺寸的风轮，并给出不同的额定风速。国外一般定在风能频率最大点对应的风速点。

（3）关于年发电量计算

年发电量是指该系统中所有发电机组全年实际发出的电能的总和。年发电量是衡量风力发电机的一个重要参数，为了比较，建议用一个统一的计算方法来计算。有些国家把年平均风速 5m/s 条件下，按照瑞利分布的风频分布，依据功率曲线来源于 IEC 61400-12-1（海平面处的环境下）计算风力发电机的年发电量，可由下面的式子计算得到：

$$W_{AEP} = 8760 \times \sum_{i=1}^{n} \left[F(V_i) \times P_i \right]$$

$$F(V_i) = \frac{\pi}{2} \left(\frac{v}{v_m^2} \right) e^{-\left(\frac{\pi}{4} \right) \left(\frac{v}{v_m} \right)^2} \tag{2-4}$$

式中　8760 为一年的小时数总和；

　　　v——计算段风速；

　　　v_m——年平均风速；

　　$F(V_i)$——风速 V_i 的瑞利累积分布函数；

　　　V_i——第 i 个区间内的标准化平均风速；

　　　P_i——第 i 个区间内标准化的平均输出功率；

　　　P——风轮功率。

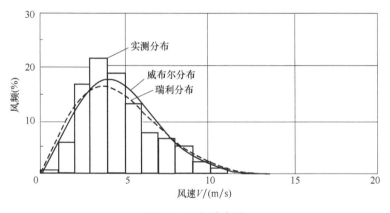

图 2-6　风频分布图

瑞利分布，是一个随机二维向量的模的两个分量呈独立的、均值为 0，有着相同的方差的正态分布。威布尔分布，是可靠性分析和寿命检验的理论基础，在可靠性工程中被广泛应用，由于它可以利用概率值很容易地推断出它的分布参数，被广泛应用于各种寿命试验的数据处理和拟合风速分布。

（4）风轮叶片数与风力发电机的功率

1）一个能满足风力发电机使用年限的风轮的成本占风机总成本的 20% ~ 30%，增加叶片数必然增大风机的成本。

2）多叶片和三叶片相比，扭矩系数增大，最大扭矩系数对应的尖速比将减小；风轮效率增大，但增幅很小，效率最大点对应的尖速比减小。

3）风轮功率主要取决于风速和风轮扫过的面积和风轮效率。

风轮功率 P 的计算式如下：

$$P = \frac{1}{2}V^3 A\rho C_p \tag{2-5}$$

式中 V——风速；

A——扇叶扫过面积；

ρ——空气密度；

C_p——风能利用系数，和风速、风轮转速、桨距角都有关系，一般对于定桨距、固定风速工况，C_p 会随转速先上升后下降。

（5）安全性和可控性

随着小型风力发电机应用范围的扩大，它的安全问题也就越来越突出了，风力发电机的可控性是安全性的保证。以下是风力发电机为保证安全需要注意的性能：

1）风轮最高转速时的安全运行。在正常风况下，风力发电机组的电气负载突然丧失时，最大可能运行的风轮转速 N_{max} 的承受能力或过速控制能力。

2）停机功能。在正常风况下，风力发电机调向机构处于故障状态时，能够停机的功能。

3）在大于额定风速的情况下，风力发电机的控制能力。

4）大于切出风速后的大风的承受能力。

（6）可靠性和耐久性考核

耐久性最低要求：在正常条件下运行六个月必须发电满 2500h；其中：在平均电压 1.2 倍的条件下发电 250h；在风速 15m/s（所有等级）条件下运行 25h；在风速 18m/s（等级 1）条件下运行 25h。所有数据点的平均间隔为 10min。

2.1.2.3　生物质能利用开发

生物质是指通过光合作用而形成的各种有机体，包括所有动植物和微生物。植物在光合作用中吸收太阳能，并将能量储存为生物质。因此，生物质是一种基于碳循环的可再生能源。一些生物质燃料包括木材、农作物和藻类等在燃烧时，化学能以热的形式被释放出来。生物质可以被转换成其他生物燃料，比如乙醇与生物柴油等。可用作生物燃料的生物质包括玉米、大豆、油菜籽等粮食作物，椰子油、棕榈油等植物果实，餐饮废油、动物脂肪等厨余油脂及微藻生物等。纤维素生物质（比如玉米秸秆、稻草、木材、稻壳等）也能够被用于生物燃料发电。生物质的有氧分解会产生沼气，而气化则会产生合成气，它为氢气和二氧化碳的混合物，可被转换成液体燃料。

近年来，随着环境污染压力越来越大，国家大力鼓励可再生能源开发利用，减少传统化石能源的消耗，作为可再生能源的一部分，生物质发电也得到了大力发展。在我国，生物质发电主要包括城镇生活垃圾焚烧发电、农林生物质发电和沼气发电。

"十三五"以来，我国生物质发电规模逐年上涨。根据国家能源局数据，2021年中国生物质发电累计装机量为 3798 万 kW，较 2015 年增加了 2767 万 kW，年复合增长率达到 20.48%。从各类生物质能源装机数量看，垃圾焚烧的装机数量最多，占总装机数量的 51.9%；农林生物质装机数量占总数量的 45.1%；沼气装机数量占总数量的 3.0%。随着我国城市化进程的不断推进，人民生活水平的不断提高，预计垃圾产生量也会逐年提升。

1. 农林生物质发电

当前，农林生物质发电占生物质发电总装机容量的近 45%，依然是我国生物质发电的主要技术方向。农林生物质能源化利用的主要形式，主要还是直燃发电的模式。

我国农林生物质发电主要分布在秸秆资源丰富的农业大省。累计装机容量排名前五名的省份依次是山东省、安徽省、黑龙江省、湖北省和江苏省，合计占全国装机容量的 54.4%（见表 2-1）。

表 2-1　我国农林生物质发电累计装机容量排名前五名

排名	省份	并网装机容量/(万 kW)	占全国份额（%）
1	山东省	177	18.2
2	安徽省	127	13.1
3	黑龙江省	102	10.5
4	湖北省	62	6.4
5	江苏省	60	6.2
合计		528	54.4

农林生物质直燃发电系统（见图 2-7）主要由直燃锅炉、汽轮机、发电机组、给料系统、除尘除渣系统等组成。生物质发电与燃煤发电系统较为类似，但生物质燃料具有高氯、高碱、高挥发份、低灰熔点等特性，燃烧时易腐蚀锅炉，容易结渣和结焦，因此生物质锅炉是生物质发电的核心设备。

目前我国生物质直燃发电锅炉采用的燃烧方式主要为层燃技术和循环流化床技术，层燃技术主要为振动炉排和往复炉排。

2. 城镇生活垃圾焚烧发电

我国城镇生活垃圾焚烧发电项目主要分布在中东部地区，累计装机容量排名前五名的省份依次是广东省、浙江省、山东省、江苏省和安徽省（见表 2-2），合计占全国装机容量的 58.9%。

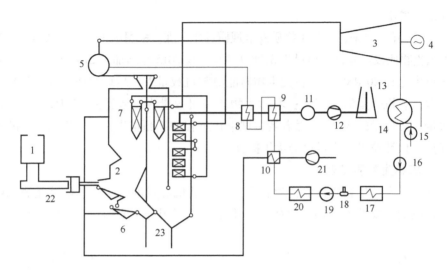

图 2-7　生物质直燃发电系统示意图

1—料仓　2—锅炉　3—汽轮机　4—发电机　5—汽包　6—炉排　7—过热器　8—省煤器
9—烟气冷却器　10—空气预热器　11—除尘器　12—引风机　13—烟囱　14—凝汽器
15—循环水泵　16—凝结水泵　17—低压加热器　18—除氧器　19—给水泵
20—高压加热器　21—送风机　22—给料机　23—灰斗

表 2-2　我国垃圾焚烧发电累计装机容量排名前五名

排名	省份	并网装机容量/(万 kW)	占全国份额（%）
1	广东省	196	16.3
2	浙江省	174	14.5
3	山东省	141	11.7
4	江苏省	130	10.8
5	安徽省	66	5.5
合计		707	58.9

垃圾焚烧发电技术路线包括炉排炉焚烧工艺、流化床焚烧工艺和等离子气
化焚烧工艺。炉排炉和流化床在我国应用广泛，占我国垃圾焚烧市场的 95% 以
上。但是随着环保要求的日益严格，炉排炉技术因为燃烧充分、污染物排放浓
度比流化床技术低，因此近几年增速较快，逐渐成为最主流技术。

3. 沼气发电

我国沼气发电装机容量排名前六名的省份依次是广东省、江苏省、河南省、
山东省、江西省、湖南省，合计占全国装机容量的 60.1%，安徽省不在其中。

沼气发电的核心设备为燃气发电设备，近年来，我国沼气发电技术研发和制造水平有了较大提高，但是国产设备发电效率与进口设备仍有一定差距，国产设备效率一般为30%～35%，进口设备可以达到40%。气化发电的机理与燃气分布式类似，也是各地综合能源公司最常遇见的生物质发电模式（原理见图2-8），气化发电一般与合同能源管理模式结合开发，在城市远郊有较多的应用场景，具体经济技术指标见后文。

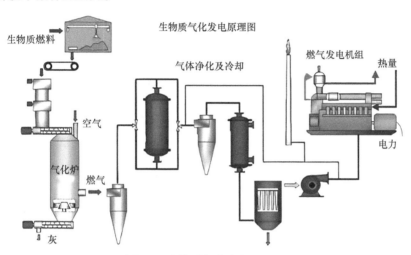

图 2-8　生物质气化发电原理图

（1）我国生物质能发展趋势

1）生物质发电从纯发电向热电联产转变。单纯的生物质发电项目已经不能适应我国对清洁供热新的形势需求，越来越多的生物质发电项目开始向热电联产转变，包括工业用热、商业用热、民用采暖，提升了生物质发电项目的效率，改善了项目的经济性，促进了我国生物质发电向产品多元化发展。

2）生物质能在非电领域中的应用正在加强。在能源转型的过程中，生物质能具有固体、液体、气体三种形态，能够提供清洁的热力、电力和动力，因此在交通、电力、供热、采暖等方面都得到了一定应用，并逐步拓宽应用范围，正在向综合能源供应转变。

3）生物质能应用技术呈现多元化。生物质能原料种类繁多、各具特点，决定了其应用方式应向多元化发展。产品从电力向电、热、炭、气、油、肥多联产高附加值转化利用方向深入发展，生物天然气、燃料乙醇、热电联产、生物柴油技术不断进步。

4）生物质能开发利用日益专业化和规模化。越来越多的大型专业公司加入生物质能领域，带动了整个行业的发展，为行业发展注入了活力，输入了资金和人才，也使行业的发展更趋向专业化。同时，由于政策调整，项目向规模化和大型化发展，这对于行业加强自律、培育龙头企业、形成区域集群都有很好的促进作用。

（2）生物质发电技术经济指标（以生物质气化发电为例，见图2-9）

图2-9　生物质气化发电设备图

生物质气化发电包括小型气化发电和中型气化发电两种模式。小型气化发电采用简单的气化-内燃机发电工艺，发电效率一般在14%～20%，规模一般小于3MW。中型气化发电除了采用气化-内燃机发电工艺外，同时增加余热回收和发电系统，气化发电系统的总效率可达到25%～35%。

表2-3为1～3MW生物质气化电站投资概算，在新建小型兆瓦级生物质气化电站的投资中，主体设备投资约占总投资的60%，单位投资随着发电规模的增大而减小。

表2-3　1～3MW生物质气化电站投资概算

工程或费用名称	规模		
	3MW	2MW	1MW
主体设备/万元	850	610	315
安装材料和配件/万元	35	30	18
土建/万元	140	120	80
设备安装和调试/万元	80	75	65
配套设备和配件/万元	80	65	30
其他不可预见费用/万元	130	100	50
总投资/万元	1315	1000	560
投资成本/(元/kW)	4380	5000	5600

（3）我国生物质能发展展望

生物质能利用以有机废弃物为原料，能够同时实现供应清洁能源、环境治理和应对气候变化，具有多重社会效益和环境效益。

开发利用生物质能符合我国生态文明建设的思想，是实现我国生态环境保护、建设美丽中国、实施农村振兴、能源革命、脱贫攻坚与污染防治等国家重大战略的重要途径，更是我国积极应对气候变化、参与环境治理，实现 2030 年二氧化碳排放达峰和 2060 年碳中和目标的重要手段。

在"十四五"期间，大气污染治理将进入攻坚阶段、碳排放达峰和碳中和将进入快速推进阶段、固体废弃物的处理处置压力进一步加剧，这些都将有利于生物质能在"十四五"期间迎来快速发展。预计"十四五"期间，我国生物质发电行业将稳步增长，生物质清洁供热、沼气和生物天然气将快速发展，有望在"十四五"末实现商业化和规模化发展。

2.1.2.4　余温余压发电

1. 余温余压概况

通常我们所说的余温，是以环境为基准，被考察体系可排出的热载体可利用的热量。余压主要指工业过程中未被利用的压差能量。

工业余温余压主要指工业生产等过程中所产生的未被利用的余温余能，余温余压发电是指回收利用的余温余压进行发电的过程。

余温余压是随着工业生产过程中大量伴生的、无法储存的、不可推迟的、难以避免的外排能量，如果不立即利用，会造成污染，这一被动的特性有别于其他形式（生物质、垃圾等）的能量转换。

从目前我国工业的现状来看，余温主要来源于高温烟气、冷却介质、废水废气、化学反应、可燃废气、废液和废料、炉渣等。余压主要存在于高炉的炼铁、气体介质的降压等过程中。在当今的工业过程中，余温的产生过程非常丰富，特别是在钢铁、冶金、化工、水泥、建材、石油与石化、轻工、煤炭等行业，余温散发的热量约占其燃料消耗总量的 17%～67%，其中可回收利用的约占余温总量的 60%。有些工业窑炉的高温烟气热量甚至高达炉窑本身燃料消耗量 30%～60%，利用空间巨大。

2. 余温余压发电机理

目前余温余压资源最有效的利用形式是余温余压发电。

余温发电主要利用工业窑炉生产过程中连续外排的烟气余热持续加热可循环的液体工质并使之汽化推动汽轮机旋转做功，再由其带动发电机发电从而实现由热能向电能的转换并输出电能。

余压发电主要是利用气体介质降压、降温过程中的压差能量及热能驱动透平膨胀机做功，将其转化为机械能，并由其驱动发电机发电从而实现能量的转换并输出电能。

目前，所有的热能→动力转换技术之理论基础均基于朗肯循环理论，仅仅是由于热能的不同（如：燃煤、燃气、燃油，核能、工业余热、地热、垃圾焚烧等）及热能→动力转换过程中所采用的工质不同（如：水及水蒸气、有机物等）使其名称有所不同，如火力发电厂、核电厂、垃圾电厂、热电厂、余热电站等。

郎肯循环经典理论是一切热能动力转换的基础及机理。它是最简单也即最基础的蒸汽动力循环，该循环包含绝热压缩过程、定压加热过程、绝热膨胀过程及定压放热过程，循环系统中主要由锅炉、汽轮机、凝汽器、除氧器、给水泵等组成。其工作原理及循环过程如下：

作为工质的给水（或其他特定的有机物）经除氧器除氧后，经给水泵升压后打入锅炉省煤器内（该过程为绝热压缩过程）；工质在省煤器内预热，然后进入锅炉被加热成饱和蒸汽，再流经过热器被加热成过热蒸汽（该过程为定压加热过程）；从锅炉出来的过热蒸汽，经蒸汽管道进入汽轮机中，进行膨胀做功（该过程为绝热膨胀过程）；做完功后的蒸汽被排入凝汽器中进行冷却，放出热量凝结成水（该过程为定压放热过程）；凝结水再通过除氧器以及给水泵等被重新送回锅炉加热，从而完成了一个循环过程。期间膨胀做功的结果使热能转变为了机械能，即汽轮机转子的旋转，由于汽轮机转子和发电机同轴连接，因而带动发电机旋转发电向外供出电能。

根据利用的废气余温温度又可进一步分为：纯高温余热电站（余温为650℃以上）；纯中温余热电站（余温为350~650℃），纯低温余热电站（废气温度小于350℃时）。由于大部分的废气余热均处于350℃以下，纯低温余热电站发展最为迅速，成效最为显著。水泥厂余温余压发电流程图如图2-10所示。

3. 余温余压发电优势

1）典型的清洁生产。余温余压发电不消耗任何燃料，不浪费任何能源，不产生任何污染，同时不改变原生产工艺状况，无任何公害。整个热力系统中不燃烧任何一次能源，不会对环境造成二次污染。整个过程零消耗、零排放、零污染。此外余热锅炉的降尘作用及窑头冷却机余热锅炉炉前配置的除尘器，进一步减少了粉尘对大气的污染。

2）巨大的节能潜力。众多工业窑炉的煅烧过程中，大量的烟气余热被白白排掉，仅以水泥行业为例，水泥熟料煅烧过程中，由窑尾预热器、窑头熟料冷

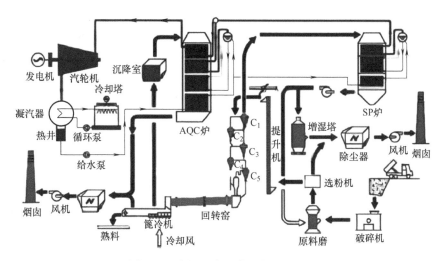

图 2-10 水泥厂余温余压发电流程图

却机等排掉的 400℃ 以下废气余热，其热量约占水泥熟料烧成总耗热量 35% 以上，能源浪费十分严重。如果将排掉的 400℃ 以下可利用的部分废气余热转换为电能，并回用于水泥生产，即可使水泥熟料生产综合电耗降低约 60% 或水泥整个工厂生产综合电耗降低 30% 以上。

3）丰厚的经济回报。就目前来讲对于火电行业，发电原料燃煤约占发电成本的 80%，而对于余热余压发电来讲，此成本为零，电站一旦建成，将长期受益。仅以水泥行业常规余温余压电站为例，整体投资费用约为 6000 万元，年均供电量约 5500 万 kW·h，若外购电价为 0.55 元，则年节约电费 3025 万元，考虑到人力、运行、维护等成本，投资回收期约为 3 年。

4）显著的环境效益。①直接形成的，余温发电的废气经余热锅炉后温度大幅度降低从而降低了排入大气的温度，减少了对大气的热污染；②间接形成的，即余温发电节省了直接燃煤，实质上是减少了对应发电量的燃煤对大气的污染。

5）突出的资源利用优势。我国是人均资源匮乏的国家，多年来资源的高强度开发及低效利用，加剧了资源供需的矛盾，资源短缺和资源低效利用已成为制约我国经济社会可持续发展的重要瓶颈。余热余压发电是解决可持续发展中合理利用资源和防治污染这两个核心问题的有效途径，既可以缓解资源匮乏和短缺问题，又可以解决环境污染问题，对促进我国"碳达峰，碳中和"目标具有十分突出的优势。

6）良好的生产系统优化效果。余温余压发电系统可改善工况条件，优化生产系统。余温发电系统的辅助作用可收集部分工艺生产线烟气的粉尘，降低工艺管道粉尘浓度，减少管道磨损，降低后续除尘负荷及系统运行成本。对于余压发电，高炉煤气余压透平发电装置是高炉系统的一个附属产品，未安装高炉煤气余压透平发电装置的高炉通过减压阀组将高压煤气转换成低压煤气，既浪费了能源，又有巨大的噪声污染了环境。而在安装高炉煤气余压透平发电装置后发电的同时，不仅不会影响高炉，而且极大地改善了炉顶压力波动的品质，更好地稳定高炉炉顶压力，保证高炉高效、稳定生产，从而降低冶炼成本，提高高炉的利用系数，产生的附加效益甚至大于高炉煤气余压透平发电装置效益本身。

4. 常见的余温余压发电技术

1）在钢铁行业，逐步推广干法熄焦技术、高炉炉顶压差发电技术、纯烧高炉煤气锅炉技术、低热值煤气燃气轮机技术、转炉负能炼钢技术、蓄热式轧钢加热炉技术。建设高炉炉顶压差发电装置、纯烧高炉煤气锅炉发电装置、低热值高炉煤气发电-燃气轮机装置、干法熄焦装置等。

2）在有色金属行业，推广烟气废热锅炉及发电装置、窑炉烟气辐射预热器和废气热交换器，回收其他装置余热用于锅炉及发电，对有色企业实行节能改造，淘汰落后工艺和设备。

3）在煤炭行业，推广瓦斯抽采技术和瓦斯利用技术，逐步建立煤层气和煤矿瓦斯开发利用产业体系。

4）在化工行业，推广焦炉气化工、发电、民用燃气，独立焦化厂焦化炉干熄焦，节能型烧碱生产技术，纯碱余热利用，密闭式电石炉，硫酸余热发电等技术，对有条件的化工企业进行节能改造。

5）在其他行业中，如玻璃生产企业也推广余温发电装置、吸附式制冷系统和低温余热发电-制冷设备；推广全保温富氧、全氧燃烧浮法玻璃熔窑，降低烟道散热损失；引进先进节能设备及材料，淘汰落后的高能耗设备。在纺织、轻工等其他行业推广供热锅炉压差发电等余热、余压、余能的回收利用，鼓励集中建设公用工程以实现能量梯级利用。

5. 实例分析

利用余温余压发电技术在各行各业应有不同，主要是根据生产规模和生产工艺而定。下面以实例说明利用余温余压在不同企业节能减排中的应用途径。

1）水泥厂余温发电。水泥生产属高耗能产业，在我国水泥行业生产中，传统的湿法窑、立波尔窑和中空干法窑生产线普遍存在工艺落后、设备陈旧和管理水平低等问题，利用余热发电技术可提产节能，是企业培植的新的效益增长点。某水泥厂利用现有的 1200t/天熟料生产线窑头熟料冷却机及窑尾预热器废气余热，建设一座 1.5MW 低温余热电站，设计年运行 7200h，平均发电功率 1450kW，年发电量 1044×10^4kW·h，每年节约电量 7.2×10^6kW·h，一年节约电费约 300 余万元。

2）炭素厂余温回收发电。某炭素厂煅烧炉排出大量的高温烟气，温度约 850~900℃，从烟囱直接排入了大气中，造成了很大的能源浪费，并且污染环境。而其生产工艺用热是由热力分厂的蒸汽炉供热，每年需要消耗大量的蒸汽，成本较高。为改变这一现状，企业对煅烧炉进行了节能减排技术改造，即对煅烧炉的高温烟气用烟道式余热导热油炉进行回收利用，为生产及生活供热。

具体方案为：将煅烧炉的高温烟气引入一台 1.4MW 的烟气余热导热油炉中，炉内导热油经过与高温烟气进行热交换，达到生产用热时温度后供生产使用，并为部分厂区的冬季供暖提供热源。煅烧炉烟气经余热炉降温后由 900℃ 左右降为 400℃ 左右。为了对这部分烟气余热二次利用，又通过一台气水加热器对自来水进行加热，为企业职工提供生活用水以及保障厂区其余部分的冬季供暖，烟气温度再次降温至 200℃ 左右，再由引风机排入烟囱。

在这次技术改造中，通过对煅烧炉的烟气余热进行回收利用，取消了原蒸汽供热系统，预计 3 年可以投资成本，产生了良好的经济效益。

2.2　电能的供应

电能是一种清洁的二次能源。电能不仅便于输送和分配，易于转换为其他的能源，而且便于控制、管理和调度，易于实现自动化。因此，电能已广泛应用于国民经济、社会生产和人民生活的各个方面，已成为现代社会的主要能源。绝大多数电能都由电力系统中发电厂提供，我国电力工业得到迅猛发展，为实现现代化打下坚实基础。全国发电装机容量约 23.8 亿 kW，2021 年我国全社会用电量 83128 亿 kW·h，居世界第 1 位。分产业看，第一产业用电量 1023 亿 kW·h，第二产业用电量 56131 亿 kW·h，第三产业用电量 14231 亿 kW·h，城乡居民生活用电量 11743 亿 kW·h。工业用电量已占全部用电量的 67.5%，是电力系统的最大电能用户。供配电系统是电力系统的重要组成部分，供配电系统的任务就是向用户和用电设备供应和分配电能。用户所需的电能，绝大多数是由公共电力系统供给的，故在介绍供配电系统之前，先介绍电力系统的知识。

2.2.1　电力系统

电力系统是由发电厂、变电站、电力线路和电能用户组成的一个整体。如

图 2-11 所示为电力系统示意图。为了充分利用动力资源，降低发电成本，发电厂往往远离城市和电能用户，例如，火力发电厂大多建在靠近一次能源的地区，水力发电厂一般建在水利资源丰富的、远离城市的地方，核能发电厂厂址也受种种条件限制。因此，这就需要输送和分配电能，将发电厂发出的电能经过升压、输送、降压和分配，送到用户。

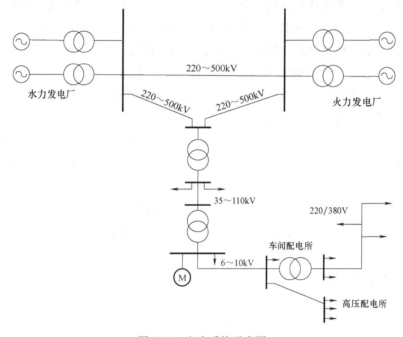

图 2-11　电力系统示意图

1. 发电厂

发电厂将一次能源转换成电能，即将煤、天然气、石油的化学能转换为电能。根据一次能源的不同，有火力发电厂、水力发电厂和核能发电厂，此外还有风力、太阳能、地热和海洋发电厂等。

目前，我国火力发电厂的装机容量比重最大，约占总装机容量的 70% 以上，水力发电厂的装机容量约占 20%，其他发电厂的装机容量约占 10%。

我国火力发电厂燃料以煤炭为主，随着西气东输工程的竣工，将逐步扩大天然气燃料的比例。火力发电的原理是：燃料在锅炉中充分燃烧，将锅炉中的水转换为高温高压蒸汽，蒸汽推动汽轮机转动，带动发电机旋转发出电能。由于煤、天然气和石油是不可再生能源，且燃烧时会产生大量的 CO_2、SO_2、氮氧化物、粉尘和废渣等，对环境和大气造成污染。因此，我国正发展超临界火力发电，逐步淘汰小火力发电机组，同时加快水电站和核电的建设，大力发展绿色能源。

水力发电厂将水的位能转换成电能。水流驱动水轮机转动，带动发电机旋转发电。按提高水位的方法分类，水电厂有堤坝式水电厂、引水式水电厂和混合式水电厂 3 类。

核能发电厂利用原子核的核能生产电能。核燃料在原子反应堆中裂变释放核能，将水转换成高温高压的蒸汽，蒸汽推动汽轮机转动，带动发电机旋转发出电能，其生产过程与火电厂基本相同。

2. 变电站

变电站的功能是接收电能、变换电压和分配电能。为了实现电能的远距离输送和将电能分配到用户，需将发电机电压进行多次电压变换，这个任务由变电站完成。变电站由电力变压器、配电装置和二次装置等构成。按变电站的性质和任务不同，可分为升压变电站和降压变电站；除与发电机相连的变电站为升压变电站外，其余均为降压变电站。按变电站的地位和作用不同，又分为枢纽变电站、地区变电站和用户变电站。

仅用于接收电能和分配电能的场所称为配电所，而用于交流电流与直流电流相互转换的场所称为换流站。

3. 电力线路

电力线路将发电厂、变电站和电能用户连接起来，完成输送电能和分配电能的任务。电力线路有各种不同的电压等级，通常将 220kV 及以上的电力线路称为输电线路，110kV 及以下的电力线路称为配电线路。交流 1000kV 及以上和直流 800kV 及以上的输电线路称为特高压输电线路，220~800kV 输电线路称为超高压输电线路。配电线路又分为高压配电线路（110kV），一般作为城市配电网骨架和特大型企业供电线路；中压配电线路（35~6kV），为城市主要配网和大中型企业供电线路；低压配电线路（380V/220V），一般为城市和企业的低压配网。除了上述交流输电线路外，还有直流输电线路。直流输电主要用于远距离输电，连接两个不同频率的电网和向大城市供电，它具有线路造价低、损耗小、调节控制迅速简便和无稳定性问题等优点，但换流站造价高。

4. 电能用户

电能用户又称电力负荷，所有消耗电能的用电设备或用电单位均称为电能用户。电能用户按行业可分为工业用户、农业用户、市政商业用户和居民用户等。与电力系统相关联的还有动力系统和电网。火力发电厂的汽轮机和锅炉、水力发电厂的水轮机和水库、核能发电厂的汽轮机和核反应堆等动力设备，与电力系统一起，称为动力系统。电网是指电力系统中除发电厂和电能用户之外的部分。

供配电系统是电力系统的电能用户，也是电力系统的重要组成部分。它由总降压变电所，高压配电所、配电线路，车间变电所或建筑物变电所和用电设备组成。供配电系统的结构图，如图 2-12 所示。

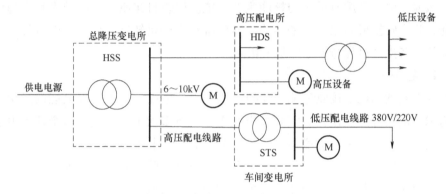

图 2-12　供配电系统的结构框图

1）总降压变电所（HSS）。是用户电能供应的枢纽。它将 35～220kV 的外部供电电源电压降为 6～10kV 高压配电电压，供给高压配电所、车间变电所或建筑物变电所和高压用电设备。

2）高压配电所（HDS）。集中接收 6～10kV 电压，再分配到附近各车间变电所或建筑物变电所和高压用电设备。一般负荷分散、厂区大的大型企业需设置高压配电所。

3）配电线路。分为 110kV～10kV 高压配电线路和 380V/220V 低压配电线路。高压配电线路将总降压变电所与高压配电所、车间变电所或建筑物变电所和高压用电设备连接起来。低压配电线路将车间变电所或建筑物变电所的 220V/380V 电能送到各低压用电设备。

4）车间变电所（STS）。和建筑物变电所一样将 10kV 电压降为 220V/380V 电压，供低压用电设备使用。

5）用电设备。按用途可分为动力用电设备、工艺用电设备、电热用电设备、试验用电设备和照明用电设备等。

应当指出，对于某个具体用户的供配电系统，可能上述各部分都有，也可能只有其中的几个部分，这主要取决于电力负荷的大小和厂区的大小。不同的供配电系统，不仅组成不完全相同，而且相同部分的构成也会有较大的差异。通常，大型企业都设总降压变电所，中小型企业仅设 10kV 变电所或配电所，某些特别重要的企业还设自备发电厂作为备用电源。

2.2.2 电网供电原理

电网供电是将一次能源通过发电动力装置（主要包括锅炉、汽轮机、发电机及电厂辅助生产系统等）转化成电能，再经输、变电系统及配电系统将电能供应到各负荷中心，通过各种设备再转换成动力、热、光等不同形式的能量，为地区经济和人民生活服务。

电网运行的方式预安排流程如下：

1) 电气设备一次方式安排。电网电气设备一次方式安排是根据发电机电网电气设备运行情况，安排包括发电机、线路/变压器、母线开关等设备的检修，也包括各种新设备的投运，这些电网的正常运行操作都会对电网的安全稳定性产生一定的影响。

2) 稳定计算分析。针对电网电气设备一次方式的改变，电网调度运行人员需要进行电网控制断面的稳定计算分析，通常这种控制断面包括热稳定和暂态稳定两个方面，以二者中严重的作为稳定控制断面的潮流极限，以便电网调度运行人员控制电网潮流分布。

3) 母线负荷预测。母线负荷预测功能是根据历史用电负荷情况，对未来用电负荷的预测。通常超短期负荷预测和短期负荷预测具有较高的精度。

4) 发电计划安排。根据发电企业与电网公司签订的发电合同以及电网运行方式进行发电计划安排。确保有功率平衡，保障对用户的可靠供电。

2.2.3 供配电的基本要求

做好供配电工作，对于促进工业生产、降低产品成本、实现生产自动化和工业现代化及保障人民生活有着十分重要的意义。对供配电的基本要求是：

1) 应能满足供用电安全、可靠、经济、运行灵活、管理方便的要求，并留有发展余度。

2) 符合电网建设、改造和发展规划要求；满足客户近期、远期对电力的需求，具有最佳的综合经济效益。

3) 具有满足客户需求的供电可靠性及合格的电能质量。

4) 符合相关国家标准、电力行业技术标准和规程，以及技术装备先进要求，并应对多种供电方案进行技术经济比较，确定最佳方案。

2.2.4 电力系统的运行方式

三相交流电系统的中性点是指星形联结的变压器或发电机的中性点。中性点的运行方式主要分两类：小接地电流系统和大接地电流系统，又称中性点非有效接地系统和中性点有效接地系统。前者又分中性点不接地系统、中性点经消弧线圈接地系统和中性点经电阻接地系统，后者即为中性点直接接地系统。中性点的运行方式主要取决于对电气设备的绝缘水平要求及供电可靠性和运行安全性要求。

能否合理选择中性点运行方式，会直接影响到电网的绝缘水平、保护配置、系统供电可靠性和选择性，对通信系统的干扰以及发电机和变压器的安全运行等。

我国的 35~10kV 系统，一般采用中性点不接地运行方式；当 10kV 系统接地电流大于 30A，35kV 系统接地电流大于 10A 时，应采用中性点经消弧线圈接地的运行方式；110kV 及以上系统和 1kV 以下低压系统，采用中性点直接接地运行方式。

2.2.4.1 中性点不接地系统

1. 中性点不接地系统的特点

1）在中性点不接地系统中，发生单相接地故障时，由于线电压不变，用户可继续工作，提高了供电的可靠性。但为了防止由于接地点的电弧及其产生的过电压，使系统由单相接地故障发展成为多相接地故障，引起事故扩大，继续运行时间不得超过 2h，并需加强监视，在系统中必须装设交流绝缘监察装置。当系统发生单相接地故障时，监察装置立即发出信号，通知值班人员及时进行处理。

2）由于非故障相对地电压可升高到线电压，所以在中性点不接地系统中，电气设备和输电线路的对地绝缘必须按线电压考虑，从而增加了投资。

3）中性点不接地系统由于不具备零序电流的流经途径，不会产生零序电流，所以对邻近通信线路的干扰小。

2. 中性点不接地系统的适用范围

35kV 及以下系统中，导体对地绝缘按线电压设计，相对于按相电压设计绝缘的投资增加不多，而供电可靠性较高的优点又比较突出，所以采用中性点不接地的运行方式比较合适。又考虑到发生单相接地时接地电流的存在，接地电流太大会产生一定的危害，但是当接地电流限制在下述范围内时电弧会自行熄灭。因此，目前在我国中性点不接地系统的适用范围为：

1）额定电压在 500V 以下的三相三线制系统。

2）额定电压 10kV 系统，接地电流 $I_C \leqslant 30A$。

3）额定电压 35kV 系统，接地电流 $I_C \leqslant 10A$。

4）与发电机有直接电气联系的 3~20kV 系统，如果要求发电机需要在内部单相接地故障的情况下运行，接地电流小于或等于其允许值，具体值见表 2-4。

表 2-4　3~20kV 系统接地电流允许值

发电机额定电压/kV	发电机额定容量/MW	接地电流允许值/A
3	≤50	4
10.5	50~100	3
13.8~15.75	125~200	2
18~20	300	1

2.2.4.2　中性点经消弧线圈接地系统

在中性点不接地系统中，单相接地电容电流超过上面所述的规定数值时，电弧将不能自行熄灭。为了减小接地点的单相接地电流，一般使变压器中性点经消弧线圈后再与大地连接。

1. 消弧线圈的构造

消弧线圈是一个具有铁心的可调电感线圈，线圈的电阻很小，电抗很大。铁心和线圈均浸在变压器油中，外形和单相变压器相似，但其铁心的构造与一般变压器的铁心不同。消弧线圈的铁心柱有很多间隙，间隙中填有绝缘纸板，采用带间隙的铁心，是为防止磁饱和，以得到一个较稳定的电抗值，使补偿电流与电压呈线性关系，并使消弧线圈能保持有效的消弧作用。由于系统电容电流是随系统运行方式而变化的，因此消弧线圈的电抗值要随系统运行方式的变化作相应的调节，才能达到补偿的目的。消弧线圈通常有 5~9 个分接头，用以调节线圈的匝数，改变电抗的大小，从而调节消弧线圈的电感电流，补偿接地电容电流，以达到消弧的目的。

2. 消弧线圈的补偿原理

图 2-13 和图 2-14 为中性点经消弧线圈接地的三相系统图。正常工作时，中性点的电位为零，没有电流通过消弧线圈。当 C 相存在金属性接地时，作用在消弧线圈两端的电压即升高为相电压 U_C，并有电感电流 I_L 通过消弧线圈和接地点，I_L 滞后于 U_C 90°。由于 I_L 和 I_C 两者相位差 180°，所以在接地点 I_L 和 I_C 起互相抵消的作用（或叫补偿作用），其矢量图如图 2-14 所示。如果适当选择消弧线圈的电感（匝数），可使接地点的电流等于零，在接地点就不致产生电弧，并可避免由电弧所引起的危害。

3. 中性点经消弧线圈接地系统适用范围

中性点经消弧线圈接地与中性点不接地系统一样，在发生单相接地故障时，

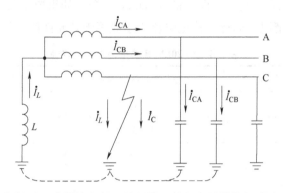

图 2-13　中性点经消弧线圈接地的电力系统的电路图

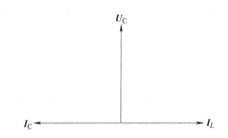

图 2-14　中性点经消弧线圈接地的电力系统的矢量图

线电压不变，可继续供电 2h，提高供电的可靠性。系统中的电气设备和输电线路的对地绝缘按能承受线电压的标准进行设计。由于消弧线圈能够有效地减少接地点的电流，使接地点电弧迅速熄灭，防止间歇电弧的产生，所以这种接地方式广泛地应用在额定电压为 35~10kV 的系统中。综合我国实际情况，采用中性点经消弧线圈接地方式运行的系统有：

1）额定电压为 10kV、接地电流大于 30A 的系统。

2）额定电压为 3~10kV，直接接有发电机、高压电动机，接地电流大于上述允许值（表 2-4）的系统。

3）额定电压为 35kV、接地电流大于 10A 的系统。

2.2.4.3　中性点直接接地三相系统

随着电力系统输电电压的增高，采用中性点不接地或经消弧线圈接地的运行方式时，由于各相对地绝缘按线电压考虑，在绝缘方面的投资大大增加。当发生单相接地出现间歇性电弧时，系统中会出现 2.5~3 倍相电压大小的过电压，危及整个系统的绝缘。因此，中性点不接地或经消弧线圈接地的运行方式已不能满足电力系统安全、经济运行的要求。此时，可采用另一种中性点运行方式

—中性点直接接地。中性点直接接地的三相系统电路图如图 2-15 所示。

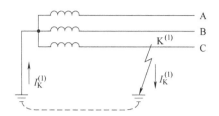

图 2-15　发生单相接地时的中性点直接接地电力系统

正常运行时，三相系统对称，中性点没有电流流过。中性点直接接地时，接地电阻近似为零，中性点与地等电位，即 $U_N = 0$。

发生单相接地故障时，故障相对地电压为零，非故障相对地电压基本保持不变，仍为相电压。由于单相接地时，接地相直接经过地对电源构成单相短接回路，这种故障称为单相接地短路，流过接地点的电流为单相接地短路电流 $I_K^{(1)}$。由于电流 $I_K^{(1)}$ 很大，继电保护装置应立即动作于断路器跳闸，迅速切除故障部分，防止短路电流造成更大危害。

2.3　电力负荷

电力负荷，又称"用电负荷"。用户的用电设备在某一时刻向电力系统取用的电功率的总和，称为用电负荷。

2.3.1　电力负荷的分类

用户有各种用电设备，它们的工作特征和重要性各不相同，对供电的可靠性和供电的质量要求也不同。因此，应对用电设备或负荷分类（见图 2-16），以满足负荷对供电可靠性的要求，保证供电质量，降低供电成本。

1. 按对供电可靠性要求的负荷分类

我国将电力负荷按其对供电可靠性的要求及中断供电对人身安全、经济损失所造成的影响程度划分为 3 级。

（1）一级负荷

一级负荷为中断供电将造成人身伤害的负荷；中断供电将在经济上造成重大损失的负荷，如重大设备损坏、重大产品报废、用重要原料生产的产品大量报废、生产企业的连续性生产过程被打乱而需要长时间恢复等；中断供电将影响重要用电单位正常工作的负荷，如重要的交通枢纽、重要的通信枢纽、重要

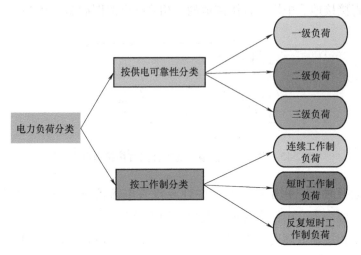

图 2-16　电力负荷分类图

宾馆、大型体育场馆、大型银行营业厅的照明、一般银行的防盗系统、大型博物馆、展览馆的防盗信号电源等。

在一级负荷中，当中断供电将造成人员伤亡或重大设备损坏或发生中毒、爆炸和火灾等情况的负荷，以及特别重要场所的不允许中断供电的负荷，应视为一级负荷中特别重要的负荷（如中压及以上的锅炉给水泵、大型压缩机的润滑油泵等）。一级负荷应由双重电源供电，所谓双重电源，就是当一个电源发生故障时，另一个电源不应同时受到损坏。在一级负荷中的特别重要负荷的供电，应符合下列要求：①除应由双重电源供电外，尚应增设应急电源，并严禁将其他负荷接入应急供电系统；②设备的供电电源的切换时间，应满足设备允许中断供电的要求。下列电源可作为应急电源：独立于正常电源的发电机组；供电网络中有效地独立于正常电源的专用馈电线路；蓄电池；干电池。

（2）二级负荷

二级负荷为中断供电将在经济上造成较大损失的负荷，如主要设备损坏、大量产品报废，连续性生产过程被打乱需较长时间才能恢复，重点企业大量减产等；中断供电系统将影响较重要用电单位正常工作的负荷，如交通枢纽、通信枢纽等用电单位中的重要负荷、大型影剧院、大型商场等较多人员集中的重要公共场所等。二级负荷宜由两回线路供电。

（3）三级负荷

三级负荷应为不属于一级和二级的负荷。对一些非连续性生产的中小型企业，停电仅影响产量或造成少量产品报废的用电设备，以及一般民用建筑的用电负荷等均属三级负荷。三级负荷对供电电源一般采用单电源供电。

2. 按工作制的负荷分类

电力负荷按其工作制可分为 3 类：

（1）连续工作制负荷

连续工作制负荷是指长时间连续工作的用电设备，其特点是负荷比较稳定，连续工作发热使其达到热平衡状态，其温度达到稳定温度。用电设备大多数都属于这类设备，如泵类、通风机、压缩机、电炉、运输设备、照明设备等。

（2）短时工作制负荷

短时工作制负荷是指工作时间短、停歇时间长的用电设备。其运行特点为工作时其温度达不到稳定温度，停歇时其温度降到环境温度。此类负荷在用电设备中所占比例很小，如机床的横梁升降、刀架快速移动电动机、闸门电动机等。

（3）反复短时工作制负荷

反复短时工作制负荷是指时而工作、时而停歇，反复运行的设备。其运行特点为工作时温度达不到稳定温度，停歇时也达不到环境温度，如起重机、电梯、电焊机等。反复短时工作制负荷可用负荷持续率（或暂载率）ε 来表示，即

$$\varepsilon = \frac{t_w}{t_w + t_o} \times 100\% = \frac{t_w}{T} \times 100\% \tag{2-6}$$

式中　t_w——工作时间；

　　　t_o——停歇时间；

　　　T——工作周期。

2.3.2　负荷曲线

1. 日负荷曲线

日负荷曲线表示负荷在一昼夜间（0～24h）的变化情况，如图 2-17 所示。

日负荷曲线可用测量的方法绘制。绘制的方法是：①以某个监测点为参考点，在 24h 中各个时刻记录有功功率表的读数，逐点绘制成折线形状，称为折线形负荷曲线（见图 2-17a）；②通过接在供电线路上的电度表，每隔一定的时间间隔（一般为 0.5h）将其读数记录下来，求出 0.5h 的平均功率，再依次将这些点画在坐标上，连成阶梯状的是阶梯形负荷曲线，如图 2-17b 所示。为计算方便，负荷曲线多绘成阶梯形。其时间间隔取得越短，曲线越能反映负荷的实际变化情况。日负荷曲线与横坐标所包围的面积代表全日所消耗的电能。

日负荷曲线的特点是：①电力负荷是变化的，不等于额定功率；②电力负荷的变化是有规律的。

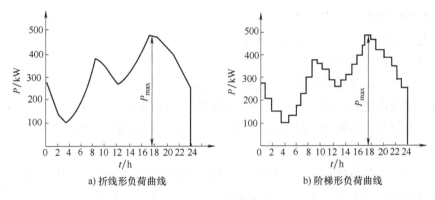

a) 折线形负荷曲线   b) 阶梯形负荷曲线

图 2-17　日负荷曲线

2. 年负荷曲线

年负荷曲线反映负荷全年（8760h）的变化情况。年负荷曲线分为：年运行负荷曲线和年持续负荷曲线，如图 2-18 所示。

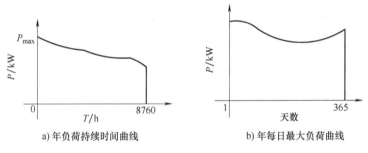

a) 年负荷持续时间曲线   b) 年每日最大负荷曲线

图 2-18　年负荷曲线图

1）年运行负荷曲线：根据全年日负荷曲线间接制成，反映一年内逐月（或逐日）电力系统最大负荷的变化。

2）年负荷持续曲线：不分日月先后，仅按全年的负荷变化，按不同负荷值在年内累计持续时间重新排列组成。

年运行负荷曲线可根据全年日负荷曲线间接制成；年持续负荷曲线的绘制，要借助一年中有代表性的冬季日负荷曲线和夏季日负荷曲线。通常用年持续负荷曲线来表示年负荷曲线。其中，夏季和冬季在全年中占的天数视地理位置和气温情况而定。一般在北方，近似认为冬季 200 天，夏季 165 天；在南方，近似认为冬季 165 天，夏季 200 天。

2.3.3　负荷曲线的有关物理量

分析负荷曲线可以了解负荷变化的规律。对供电设计人员来说，可从中获得一些对设计有用的资料；对运行来说，可合理地、有计划地安排用户、车间、班次或大容量设备的用电时间，降低负荷高峰，填补负荷低谷。这种"削峰填谷"的办法可使负荷曲线比较平坦，从而达到节电效果。从负荷曲线上可求得以下一些参数。

1. 年最大负荷和年最大负荷利用小时

（1）年最大负荷 $P_{\max}$。

年最大负荷是指全年中负荷最大的工作班内（为防偶然性，这样的工作班至少要在负荷最大的月份出现 $2\sim3$ 次）30min 平均功率的最大值，因此年最大负荷有时也称为 30min 最大负荷 P_{30}。如图 2-19 所示。

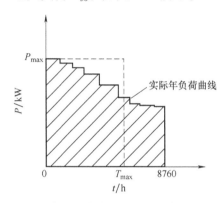

图 2-19　年最大负荷和年最大负荷利用小时

（2）年最大负荷利用小时 $T_{\max}$。

年最大负荷利用小时是指负荷以年最大负荷 $P_{\max}$ 持续运行一段时间后，消耗的电能恰好等于该电力负荷全年实际消耗的电能，这段时间就是年最大负荷利用小时。如图 2-19 所示，阴影部分即为全年实际消耗的电能。如果以 W_a 表示全年实际消耗的电能，则有

$$T_{\max} = \frac{W_a}{P_{\max}} \tag{2-7}$$

$T_{\max}$ 是反映用户负荷是否均匀的一个重要参数。该值越大，则负荷越平稳。如果年最大负荷利用小时为 8760h，说明负荷常年不变（实际不太可能）。$T_{\max}$ 与用户的性质和生产班制有关，例如一班制用户，$T_{\max}$ 为 $1800\sim3000$h；两班制用户，$T_{\max}$ 为 $3500\sim4800$h；三班制用户，$T_{\max}$ 为 $5000\sim7000$h；居民用户 $T_{\max}$ 为 $1200\sim2800$h。

2. 平均负荷和负荷系数

（1）平均负荷 P_{av}

平均负荷就是指电力负荷在一定时间内消耗的功率的平均值。如在 t 这段时

间内消耗的电能为W_t，则t时间内的平均负荷为

$$P_{av} = \frac{W_t}{t}$$ (2-8)

年平均负荷是指电力负荷在一年内消耗的功率的平均值。如用W_a表示全年实际消耗的电能，则年平均负荷为

$$P_{av} = \frac{W_a}{8760}$$ (2-9)

（2）负荷系数K_L

负荷系数是指平均负荷与最大负荷的比值，分有功负荷系数K_{al}和无功负荷系数K_{rl}两种，即

$$K_{al} = \frac{P_{av}}{P_{max}}, K_{rl} = \frac{Q_{av}}{Q_{max}}$$ (2-10)

负荷系数又称负荷率或负荷填充系数，它表征负荷曲线不平坦的程度，负荷系数越接近1，负荷越平坦。所以用户应尽量提高负荷系数，从而充分发挥供电设备的供电能力，提高供电效率。一般用户K_{al}为$0.7 \sim 0.75$，K_{rl}为$0.76 \sim 0.82$。有时也用α表示有功负荷系数，用β表示无功负荷系数。

对于单个用电设备或用电设备组，负荷系数是指设备的输出功率P和设备额定容量P_N之比值，它表征该设备或设备组的容量是否被充分利用。即

$$K_L = \frac{P}{P_N}$$ (2-11)

2.4　电储能

2.4.1　储能

储能即各种能量的储存，目前主要指电能的储存。储能系统所涉及的技术通称为储能技术，它是指通过介质或设备将电能以某种能量形式高效储存，并在需要时又可将其转换至电能的一系列相关技术。储能技术在很大程度上解决了新能源发电的随机性、波动性问题，可以实现新能源发电的平滑输出，能有效调节新能源发电引起的电网电压、频率及相位的变化，可以使大规模风电及光伏发电方便可靠地并入常规电网。

近年来，气候变化问题日益突出，已从单纯的环境保护问题上升为人类生存与发展问题。导致气候、环境恶化的主因是化石能源消费的碳排放，推进能源消费结构向低碳化和清洁化方向转型已成全球重要共识。规模开发可再生能

源是实现能源转型的关键,特别是我国政府将碳达峰、碳中和明确地纳入生态文明建设整体布局,明确 2030 年前碳达峰、2060 年前碳中和的目标,为可再生能源开发利用指明发展方向。因此,在未来的几年中风电、光伏产业等清洁能源的迅猛发展,将会推动大容量储能产业的发展。

2.4.2 储能的定位、发展现状及存在的问题

1. 储能的定位及作用

全球能源互联网实质是"智能电网+特高压电网+清洁能源"。智能电网是基础,特高压电网是关键,清洁能源是根本,而大规模储能系统是智能电网建设的关键一环。储能在能源转型中具有非常重要的作用,其应用程度既决定了可再生能源发展水平,也决定了能源互联网建设的成败。

新能源大规模接入后,从根本上改变了"源随荷动"的运行模式。在新能源高占比电力系统中,因为集中式的风电、光伏大规模接入,发电侧的新能源随机性、波动性影响巨大,"天热无风""云来无光",发电出力无法按需控制。同时在用电侧,尤其是大量分布式新能源接入以后,用电负荷预测准确性也大幅下降。这意味着,无论是发电侧还是用户侧都完全不可控,所以传统的技术手段和生产模式,已经无法适应高比例新能源电力时代的运行需求。

特别是在政策方面,国家发改委和能源局 2016 年 3 月下发《能源技术革命创新行动计划 (2016—2030 年)》,在该文件十五项重点任务之一的"先进储能技术创新"中明确指出:研究面向可再生能源并网、分布式及微电网、电动汽车应用的储能技术,掌握储能技术各环节的关键核心技术,完成示范验证,整体技术达到国际领先水平,引领国际储能技术与产业发展。

2. 储能的发展现状

储能本身不是新兴的技术,但从产业角度来说却是刚刚兴起,我国的储能产业正处在起步阶段。随着各国对储能技术研发和应用重视程度逐渐提高,相关核心配套技术已取得长足进展。压缩空气储能技术、液流电池、锂电池等技术已经走向产业化或接近产业化。氢燃料电池作为燃料电池主流方向,应用规模逐渐扩大。在可再生能源产业、电动汽车产业和能源互联网产业快速发展的推动下,储能产业有望呈爆发性增长态势,且随着可再生能源电力储存成本持续降低,储能系统应用规模和技术成本会进入一个良性循环发展新阶段,市场前景广阔。

截至 2021 年底,我国储能市场累计装机功率达 43.44GW,位居全球第一。2021 年我国新增储能装机 7397.9MW (7.4GW),新增储能项目 146 个。其中抽

水蓄能装机功率 37.57GW，占比 86.5%；蓄热蓄冷装机功率 561.7MW，占比 1.3%；电化学储能装机功率 5117.1MW，占比 11.8%；其他储能技术（此处指压缩空气和飞轮储能）装机功率占比 0.4%。受动力电池行业影响，电化学储能市场率先进入爆发期，根据国网能源研究院预计，我国新型储能（除抽水蓄能之外的各类储能总称）在 2030 年之后会迎来快速增长，2060 年装机规模将达 4.2 亿 kW（420GW）左右。这意味着，2060 年我国新型储能装机规模将飙升近 200 倍。

3. 储能存在的问题

1）储能产业顶层设计不清晰，储能价格体系不健全，支持储能项目的政策没有落地，现有盈利模式无法促进储能产业大规模发展。

2）峰谷差价小等一系列因素影响了储能投资的积极性。尤其在缺乏为储能付费机制的前提下，储能产业尚未形成成熟的商业化模式。

3）现有储能技术还存在成本高、安全性差、寿命短、环保问题等局限性。

2.4.3 储能技术的分类及特点

储能技术包括物理储能、化学储能和其他储能三大类（见表 2-5），以及发电、输配电、可再生能源并网、户侧、电动汽车五大类应用领域。

表 2-5 储能技术的种类和特点

分类	名称	特点
物理储能	抽水蓄能	电能与机械能或势能的转化
	压缩空气储能	
	飞轮储能	
化学储能	铅酸电池	利用化学元素做储能介质；充放电伴随着储能介质的化学反应或者变价。
	锂离子电池	
	液流电池	
	钠硫电池	
其他储能	电化学电容器	—
	超导储能	
	燃料电池	

2.4.3.1 物理储能（见图 2-20）

1. 抽水蓄能

抽水蓄能电站是目前最为成熟并广泛应用的储能方式，应用在能源互联网的系统侧，利用水的势能实现能量转换。利用上下两个水库，在用电低谷时，

a) 抽水蓄能　　　　　b) 压缩空气储能　　　　　c) 飞轮储能

图 2-20　三种物理储能图

通过电能驱动抽水泵将水从势能低的水库抽到势能高的水库,将电能转化以水的势能储存起来,在用电高峰时,利用水的重力势能驱动水轮发电机,将水的势能转化为电能输送到电网。

抽水蓄能电站的单位千瓦静态投资通常大大低于常规水电站,与燃煤火电基本持平,建设相对容易。抽水蓄能电站水头越高,电站单位千瓦的投资将越低,电站的综合经济性越好。常规水电的建设费用为 9000~12000 元/kW,抽水蓄能电站的建设费用基本仅需 4000~6000 元/kW。抽水蓄能电站不仅单位千瓦静态投资低于常规水电站,而且建设周期比同容量的常规水电站要短。另外,由于抽水蓄能电站的自动化程度高,水工建筑物和机电设备维修费用低,因此,抽水蓄能电站固定运行费率一般为其投资的 1.5%~2.5%,比燃煤火电厂少 50% 左右。

2. 压缩空气储能

压缩空气储能技术作为目前除抽水蓄能外,容量最大、技术最成熟的储能技术备受业界关注,国际上接近等温压缩空气储能技术已取得突破,小型空气压缩车处于小规模试用阶段。储电时,电动机带动多级间冷压缩机将空气压缩至高压,并将高压空气储存在储气室中,同时利用蓄热介质回收且储存压缩机的间冷热,蓄热器还可以储存外部热源(如太阳能、工业余热等)提供的热量;发电时,利用储存的间冷热和外部提供的热量加热各级膨胀机进口空气,然后驱动多级透平膨胀做功,并带动发电机发电。

目前,全球已有两座大规模压缩空气储能电站投入了商业运行,分别是德国 Huntorf 电站(功率为 290MW)和美国亚拉巴马州的 McIntosh 电站(功率为 110MW)。除传统压缩空气储能技术外,国内外学者还开展了多种先进压缩空气储能系统的研究,包括蓄热式压缩空气储能、液化空气储能、超临界空气储能等。虽然压缩空气储能系统具有规模大、寿命长等诸多优点,但其能否大规模推广应用,主要取决于其技术经济性。

国内中科院工程热物理研究所已成功研制出国内首台具有自主知识产权的1.5MW级超临界压缩空气储能系统，比传统压缩空气储能系统效率高10%以上，为我国电网级的储能应用开辟了发展空间。

3. 飞轮储能

在用电低峰时，系统可以将电能全部通过飞轮储动能，将其转化为机械能全部储存起来；用电高峰时，飞轮储能则会就储存的机械能全部转化为电能供外部使用。飞轮储能具有充放电速度快，从电侧接收到调节信号一直到飞轮储能系统做出反应和回应时，整个过程消耗的时间非常短暂，并且在后期几分钟时间内整个飞轮储能就可以完成充放电工作，能够满足电网短时间供应和调节的需求；其次是工作效率高，在实际工作中效率达到90%左右；最后飞轮还具有使用寿命长和无环境污染等优势。但该技术存在的缺点是自放电率高、一次性购置成本高，近年来研究主要集中在整机系统及各组件等关键技术。

2.4.3.2　化学储能

1. 铅酸电池

铅酸电池是目前使用最为广泛、最成熟的蓄电池储能技术。具有成本低、安全可靠的优点，常作为电厂和变电站的备用电源。铅酸电池采用稀硫酸做电解液，二氧化铅和戎状铅分别作为电池正负极。铅酸电池可制成大容量存储系统在新能源发电、分布式发电系统和电动汽车领域中也有着广泛应用。但铅是重金属污染源，且铅酸电池有充电速度慢、能量密度低的缺点。

2. 锂离子电池储能

锂离子电池是以含锂的化合物作正极，可分为锂金属电池和锂离子电池，锂属电池以 MnO_2 为正极材料锂或其合金为负极材料，其控制技术要求较高。在充放电过程中，通过锂离子在电池正负极之间的往返脱出和嵌入实现充放电的一种二次电池。锂离子电池实际上是锂离子的一种浓度差电池，当对电池进行充电时，电池的正极上有锂离子生成，生成的锂离子经过电解液运动到负极，并嵌入到负极材料的微孔中。放电时，嵌在负极材料中的锂离子脱出，运动回正极。

锂离子电池储能具有能量密度高、自放电小、安全性高等优点，目前已广泛应用于数码电子产品、电动汽车中，近年来在系统备用电源和电网调频等场合也已逐步开展应用。特别是磷酸铁锂电池具有寿命长、成本低和安全性能高的特点，适用于大型电力、客户侧储能系统。

电动汽车成为带动锂离子电池技术研发的重要因素。当前，对于锂电池，正极材料磷酸铁锂和镍钴锰三元材料是研究重点，负极材料纳米硅和石墨烯是研究热点，正负极材料类型越来越多，应用范围也越来越广。锂离子电池作为当前电动汽车的主流电池，能量密度尚有待提高。

3. 液流电池

全钒液流电池在关键材料、电堆、电池系统设计与集成上都取得了重大进展，产业链逐步完善，整体产业已经进入市场化初期阶段，在日本、加拿大、美国、澳大利亚等国家已逐步开始取代铅酸电池。且液流电池技术已经从全钒、锌溴体系扩展到成本更低、能量密度更高的有机体系和水溶性体系，可大大提高电池容量、安全性和使用寿命。

全钒液流电池具有循环寿命长、充放电响应速度快及选址自由度大，可全封闭运行等优势，但存在体积大、易泄露和耐高温性差的缺点，适用于大功率、大容量储能项目。目前大连市建成了国内首个大型化学储能示范项目，建设规模达 200MW/800MW·h。

4. 钠硫电池

钠硫电池由正极、负极、电解质、隔膜和外壳组成，与一般二次电池（铅酸电池、镍镉电池等）不同，钠硫电池是由熔融电极和固体电解质组成，负极的活性物质为熔融金属钠，正极活性物质为液态硫和多硫化钠熔盐。固体电解质兼隔膜工作温度在 $300\sim350℃$。在工作温度下，钠离子透过电解质隔膜与硫之间发生可逆反应，形成能量的释放和储存。

钠硫电池具有比能量高，约为铅酸电池的 10 倍。钠硫电池充放电电流密度高，一般可达 $200\sim300mA/cm^2$；充放电时效率高，没有自放电及副反应，充放电效率接近 100%；此外还具有充电时间短、使用寿命长、环境友好等优点，但由于工作温度在 $300\sim350℃$ 下，电池工作时需要一定的加热保温，对保温材料有一定的要求，且有保温耗能以及一定的泄露危险性等缺点。

2.4.3.3 其他储能

1. 电化学电容器

电化学电容器是一种介于静电电容器和二次电池之间的储能产品，是利用电极/电解质交界面的吸附电荷或表面层电化学实现储能。自从 19 世纪 80 年代由日本 NEC、松下等公司推出工业化产品以来，超级电容器已经在电子产品、电动玩具等领域获得了广泛的应用。法拉第准电容器（或称作法拉第赝电容、假电容）在充放电过程中电极材料发生高度可逆的氧化还原反应。全球研究比较深入的是氧化钌，但由于该材料价格过于昂贵，因此只是在军事等领域有小规模应用。超级电容器具有高循环寿命，循环次数可达 50 万次以上；高功率密度，最高可达 7000W/kg；快充低温特性好；无污染安全可靠等优点。

2. 燃料电池

燃料电池是 1839 年由英国 Grove 发明的，是一种将储存在燃料和氧化剂中的化学能直接转化为电能的装置。当不断从外部向燃料电池供给燃料和氧化剂时，它可以连续发电。根据传导电子和质子的介质不同，又可以分为：质子交换膜燃料电池、碱性燃料电池、直接甲醇燃料电池、磷酸燃料电池、熔融碳酸盐燃料电池，以及固体氧化物燃料电池等。其中质子交换膜燃料电池，是目前最受研发机构和商业应用领域关注的燃料电池，在小到手机和其他电子设备的便携电源，大到游船、轿车和公共汽车的动力以及电站热电联供系统，都有广泛应用。磷酸燃料电池的主要制造商包括加拿大 Ballard Power Systems、美国 Plug Power 公司等，上海神力和北京富原等公司也已经可以提供商用燃料电池产品，中国科学院大连化学物理研究所和清华大学等多家研究机构，也在深入研究电池材料与电池系统。

以上介绍的各种储能技术指标比较见表 2-6。

表 2-6　各项储能技术指标的比较

储能类型	能量和功率密度/ $(W \cdot h/kg)$	充电效率	响应速度	循环次数	寿命/年	度电成本/ $(元/kW \cdot h)$	安全环保
抽水蓄能	$0.5 \sim 1.5$	>72%	分钟级	$>10^5$	$40 \sim 60$	$0.1 \sim 0.2$	优
压缩空气储能	$30 \sim 60$	70%	分钟级	$>10^5$	$20 \sim 40$	$0.1 \sim 0.3$	优
飞轮储能	$10 \sim 30$	$85\% \sim 90\%$	毫秒级	$>10^5$	15	$1 \sim 2$	优
铅酸电池	$30 \sim 50$	$80\% \sim 90\%$	毫秒级	$3700 \sim 4200$	$3 \sim 5$	$0.5 \sim 0.7$	中
锂离子电池	$75 \sim 200$	>90%	毫秒级	$3000 \sim 5000$	$5 \sim 10$	$0.7 \sim 1$	中
液流电池	$10 \sim 30$	80%	毫秒级	$>10^4$	$5 \sim 20$	$0.7 \sim 1$	良
钠硫电池	$150 \sim 240$	75%	毫秒级	4500	$5 \sim 10$	$0.7 \sim 1$	中
电化学电容器	$2.5 \sim 15$	>90%	毫秒级	>百万	20	$0.7 \sim 1$	良

2.4.4　储能应用场景

随着我国非化石能源装机比重不断上升，电力负荷特性给电力保障带来很大压力，新能源发展也对电力系统安全稳定运行带来新的考验。在这种情况下，需求调节将成为促进电力供需平衡调节的措施之一，系统控制能力提高则有助于提高电力系统的稳定运行。提高储能能力将有效应对电力需求特性与负荷特性的差异。

据国家电网能源研究院预计，中国新型储能（除抽水蓄能之外的各类储能总称）在 2030 年之后会迎来快速增长，2060 年装机规模将达 4.2 亿 kW

（420GW）左右。而截至 2021 年底，我国的新型储能累积装机规模为 25.4GW。这意味着，2060 年中国新型储能装机规模将飙升近 200 倍。

从整个电力系统的角度看，储能的应用场景可以分为发电侧储能、输配电侧储能和用户侧储能三大场景。这三大场景又都可以从电网的角度分成能量型需求和功率型需求。能量型需求一般需要较长的放电时间（如能量时移），而对响应时间要求不高。与之相比，功率型需求一般要求有快速响应能力，但是一般放电时间不长（如系统调频）。实际应用中，需要根据各种场景中的需求对储能技术进行分析，以找到最适合的储能技术。

1. 发电侧

从发电侧的角度看，储能的需求终端是发电厂。由于不同的电力来源对电网的不同影响，以及负载端难预测导致的发电和用电的动态不匹配，发电侧对储能的需求场景类型较多，包括能量时移、容量机组、负荷跟踪、系统调频、备用容量、可再生能源并网等六类场景（见表 2-7）。

表 2-7　储能产业发电侧应用类型及典型特征

发电侧应用	应用类型	放电时长	年运行频次	响应时间
能量时移	能量型应用	8h	300	小时级
容量机组	能量型应用	4h	200	小时级
负荷跟踪	功率型应用	2h	1000	分钟级
系统调频	功率型应用	15min	4000	秒级
备用容量	功率型应用	15min	10	秒级
可再生能源并网	能量/功率型应用	5min	4000	秒级

（1）能量时移

能量时移是通过储能的方式实现用电负荷的削峰填谷，即发电厂在用电负荷低谷时段对电池充电，在用电负荷高峰时段将存储的电量释放。此外，将可再生能源的弃风弃光电量存储后再移至其他时段进行并网也是能量时移。

（2）容量机组

由于用电负荷在不同时间段有差异，煤电机组需要承担调峰能力，因此需要留出一定的发电容量作为相应尖峰负荷的能力，这使得火电机组无法达到满发状态，影响机组运行的经济性。采用储能可以在用电负荷低谷时充电，在用电尖峰时放电以降低负荷尖峰。利用储能系统的替代效应将煤电容量机组释放出来，从而提高火电机组的利用率，增加其经济性。容量机组属于典型的能量型应用，其对充放电的时间没有严格要求，对于充放电的功率要求也比较宽，但是因为用户的用电负荷及可再生能源的发电特征导致能力时移的应用频率相对较高，每年在200次左右。

（3）负荷跟踪

负荷跟踪是针对变化缓慢的持续变动负荷，进行动态调整以达到实时平衡的一种辅助服务。变化缓慢的持续变动负荷又可根据发电机运行的实际情况细分为基本负荷和爬坡负荷，负荷跟踪则主要应用于爬坡负荷，即通过调整出力大小，尽量减少传统能源机组的爬坡速率，让其尽可能平滑过渡到调度指令水平。负荷跟踪和容量机组相比，对放电响应时间要求更高，为分钟级。

（4）系统调频

频率的变化会对发电及用电设备的安全高效运行及寿命产生影响，因此频率调节至关重要。在传统能源结构中，电网短时间内的能量不平衡是由传统机组（在我国主要是火电和水电）通过响应自动增益控制信号来进行调节的。而随着新能源的并网，风光的波动性和随机性使得电网短时间内的能量不平衡加剧，传统能源（特别是火电）由于调频速度慢，在响应电网调度指令时具有滞后性，有时会出现反向调节之类的错误动作，因此不能满足新增的需求。相较而言，储能（特别是电化学储能）调频速度快，电池可以灵活地在充放电状态之间转换，成为非常好的调频资源。具体比较见表2-8。

表2-8　储能调频效率远超其他机组

机组类型	发电设备爬坡能力/（%/min）	电网的短时爬坡能力需求（MW/min）	相应发电设备总功率需求/MW	储能功率/MW	储能对传统电源的替代效果
水电机组	30	10	33.33	20	1.67
燃气机组	20	10	50	20	2.5
燃煤机组	2	10	5500	20	25

和负荷跟踪相比，系统调频的负荷分量变化周期在分秒级，对响应速度要求更高（一般为秒级响应），对负荷分量的调整方式一般为自动增益控制。但是系统调频是典型的功率型应用，要求在较短时间内进行快速的充放电，采用电化学储能时需要有较大的充放电倍率，因此会减少一些类型电池的寿命，从而影响其经济性。

（5）备用容量

备用容量是指在满足预计负荷需求以外，针对突发情况时为保障电能质量和系统安全稳定运行而预留的有功功率储备，一般备用容量需要是系统正常电力供应容量15%~20%，且最小值应等于系统中单机装机容量最大的机组容量。

由于备用容量针对的是突发情况，一般年运行频率较低，如果是采用电池单独做备用容量服务，经济性无法得到保障，因此需要将其与现有备用容量的成本进行比较来确定实际的替代效应。

（6）可再生能源并网

由于风电、光伏发电出力随机性、间歇性的特点，其电能质量相比传统能源要差，由于可再生能源发电的波动（频率波动、出力波动等）从数秒到数小时之间，因此既有功率型应用也有能量型应用，一般可以将其分为可再生能源能量时移、可再生能源发电容量固化和可再生能源出力平滑三类应用。例如针对光伏发电弃光的问题，需要将白天发出的剩余电量进行储存以备晚上放电，属于可再生能源的能量时移。而针对风电，由于风力的不可预测性，导致风电的出力波动较大，需要将其平滑，因而以功率型应用为主。

2. 输配电侧

储能在输配电侧的应用主要是缓解输配电阻塞、延缓输配电设备扩容及无功支持三类，相对于发电侧的应用，输配电侧的应用类型少，同时从效果的角度看更多是替代效应，具体特征见表2-9。

表2-9　储能产业输配电侧应用类型及典型特征

输配电侧应用	应用类型	放电时长	年运行频次	响应时间
缓解输配电阻塞	能量型应用	3h	50	分钟级
延缓输配电设备扩容	能量型应用	3h	10	分钟级
无功支持	功率型应用	小于1min	1000	秒级

（1）缓解输配电阻塞

线路阻塞是指线路负荷超过线路容量，将储能系统安装在线路上游，当发生线路阻塞时可以将无法输送的电能储存到储能设备中，等到线路负荷小于线路容量时，储能系统再向线路放电。一般对于储能系统要求放电时间在小时级，运行次数在50~100次，属于能量型应用，对响应时间有一定要求，需要分钟级响应。

（2）延缓输配电设备扩容

传统的电网规划或者电网升级扩建成本很高。在负荷接近设备容量的输配电系统内，如果一年内大部分时间可以满足负荷供应，只在部分高峰特定时段出现自身容量低于负荷的情况时，可以利用储能系统通过较小的装机容量有效提高电网的输配电能力，从而延缓新建输配电设施成本，延长原有设备的使用寿命。相比较缓解输配电阻塞，延缓输配电设备扩容工作频次更低，考虑到电池老化，实际可变成本较高，因此对电池的经济性提出了更高的要求。

（3）无功支持

无功支持是指在输配线路上通过注入或吸收无功功率来调节输电电压。无功功率的不足或过剩都会造成电网电压波动，影响电能质量，甚至损耗用电设备。电池可以在动态逆变器、通信和控制设备的辅助下，通过调整其输出的无功功率大小来对输配电线路的电压进行调节。无功支持属于典型的功率型应用，放电时间相对较短，但运行频次很高。

3. 用电侧

用电侧是电力使用的终端，用户是电力的消费者和使用者，发电及输配电侧的成本及收益以电价的形式表现出来，转化成用户的成本，因此电价的高低会影响用户的需求。常见的几种应用及其特征见表2-10。

表 2-10　储能产业用电侧应用类型及典型特征

用电侧应用	应用类型	放电时长	年运行频次	响应时间
用户分时电价管理	能量型应用	1h	200	分钟级
容量费用管理	能量型应用	1h	200	分钟级
提高电能质量	功率型应用	10min	100	毫秒级
提升供电可靠性	能量型应用	1h	100	秒级

（1）用户分时电价管理

电力部门将每天24h划分为高峰、平段、低谷等多个时段，对各时段分别制定不同的电价水平，即为分时电价。用户分时电价管理和能量时移类似，区别仅在于用户分时电价管理是基于分时电价体系对电力负荷进行调节，而能量时移是根据电力负荷曲线对发电功率进行调节。

（2）容量费用管理

目前变压器容量超过315kV·A及以上的大型工业企业实行两部制电价：电量电价指的是按照实际发生的交易电量计费的电价，容量电价则主要取决于用户用电功率的最高值。容量费用管理是指在不影响正常生产的情况下，通过降低最高用电功率，从而降低容量费用。用户可以利用储能系统在用电低谷是储能，在高峰时负负荷放电，从而降低整体负荷，达到降低容量费用的目的。同时，可以通过延缓用户变压器增容带来费用的节约。

（3）提高电能质量

由于存在电力系统操作负荷性质多变，设备负载非线性等问题，用户获得的电能存在电压、电流变化或者频率偏差等问题，此时电能的质量较差。系统调频、无功支持就是在发电侧和输配电侧提升电能质量的方式。在用户侧，储能系统同样可以进行平滑电压、频率波动，例如利用储能解决分布式光伏系统内电压升高、骤降、闪变等问题。提升电能质量属于典型的功率型应用，具体放电时长及运行频率依据实际应用场景而有所不同，但一般要求响应时间在毫秒级。

（4）提升供电可靠性

储能用于提高微网供电可靠性，是指发生停电故障时，储能能够将储备的能量供应给终端用户，避免了故障修复过程中的电能中断，以保证供电可靠性。该应用中的储能设备必须具备高质量、高可靠性的要求，具体放电时长主要与安装地点相关。

2.4.5　储能技术的发展方向及应用案例

2.4.5.1　储能技术的发展方向

国家发展改革委、财政部、科学技术部、工业和信息化部和国家能源局在2017 年联合印发了《关于促进储能技术与产业发展的指导意见》（以下简称《意见》），提出到"十四五"期间，形成较为完整的储能产业体系，全面掌握具有国际领先水平的储能关键技术和核心装备。未来 10 年内分两个阶段推进相关工作。第一阶段实现储能由研发示范向商业化初期过渡；第二阶段实现商业化初期向规模化发展转变。

同时，鼓励引导社会资本向储能产业倾斜。充分发挥中央财政科技计划（专项、基金）作用，支持开展储能基础、共性和关键技术研发。研究通过中央和地方基建投资实施先进储能示范工程，引导社会资本加快先进储能技术的推广应用。鼓励通过金融创新降低储能发展准入门槛和风险，支持采用多种融资方式，引导更多的社会资本投向储能产业。

"十四五"期间，储能项目广泛应用，形成较为完整的产业体系，成为能源领域经济新增长点。全面掌握具有国际领先水平的储能关键技术和核心装备，部分储能技术装备引领国际发展。形成较为完善的技术和标准体系并拥有国际话语权。基于电力与能源市场的多种储能商业模式蓬勃发展。形成一批有国际竞争力的市场主体。储能产业规模化发展，储能在推动能源变革和能源互联网发展中的作用全面展现。

2.4.5.2　储能技术的应用案例

1. 电网侧

（1）容量机组、系统调频

江苏镇江受谏壁电厂 3 台 330MW 燃煤机组退役影响，2018 年电网迎峰度夏在用电高峰期间将会面临电力紧张局面。为缓解供电压力，国家电网江苏省电力有限公司结合电化学储能电站建设周期短、布点灵活优势，在镇江东部地区实施 8 个储能电站建设项目，总容量 101MW、202MW·h。

镇江电网侧储能电站的建设初衷，主要是为了在夏季电网负荷高峰时"顶峰"。在 2018 年迎峰度夏期间，该电站运行方式主要是每日两充两放"削峰填谷"；2018 年 10 月 1 日后，该电站的功能从调峰转变为自动增益控制调频，每日调频数百次。

（2）可再生能源并网

响应国家标准和政策对新能源场站并网的要求，实践风光储、光储联合运行以及产业协同的规模化储能项目，提高新能源对电网主动支撑能力和并网友好性。

青海乌兰 100MW 风电配套 10MW/20MW·h 储能及共和 450MW 风电配套 45MW/90MW·h 储能项目、青海省"海兰州特高压外送基地"电源配置项目 1000MW 光伏电站配套 200MW/200MW·h、辽宁瓦房店驼山 10MW/400MW·h 风电储能示范项目，采用了磷酸铁锂电池、三元锂电池、全钒液流电池等储能技术路线。

2. 用户侧

（1）用户分时电价管理

目前一般工商业峰谷电价差仍然在全国居于高位、最高达 0.7954 元。得益于此，江苏省用户侧储能高速发展，2019 年 3 月底已建成 60 座用户侧储能电站，总容量 97MW/691MW·h。如 20MW/160MW·h 储能电站由国家电网江苏综合能源服务有限公司建设的储能电站位于中冶东方江苏重工有限公司。储能电站设计规模为 20MW/160MW·h，采用铅炭电池技术，主要用于削峰填谷。该项目总投资约 2.6 亿元，总占地约 6000m²，采用集装箱模块化形式建设。采用铅炭技术路线的主要原因是铅炭电池全寿命周期内每 kW·h 电成本是 0.5~0.7 元，而中冶东方江苏重工有限公司的峰谷电价差为 0.8 元左右。

（2）港口岸电

力信（江苏）能源科技有限公司、北控清洁能源集团等单位合作、国家电网江苏电力公司牵头的 2018 年度国网公司科技项目《储能在岸电系统中规划配置与协调运行关键技术研究与应用》项目，拟在江苏连云港港口岸电系统中建设 5MW（1MW 超级电容+4MW 锂电）储能电站，满足总量 10MW 以上以及单个泊位 3MW 以上岸电接入需求，岸电满负荷运行的情况下，满足多种随机性电源和负荷的接入需求。

（3）共享储能

2019 年 4 月，鲁能集团青海分公司、中国国电龙源电气有限公司青海分公司、国投新能源投资有限公司就"共享储能"调峰电力辅助服务签订合约。

4 月 21~30 日，由国家电网青海省电力公司组织 1 家储电方储能企业、2 家售电方新能源企业开展共享储能调峰辅助服务市场化交易试点。储电方鲁能多能互补储能电站（50MW/100MW·h），售电方为国投华靖电力控股股份有限公司格尔木光伏电站（50MW）和龙源格尔木光伏电站（50MW）。交易期间，完全接受青海省级调度机构调度，并为另两家企业光伏电站提供辅助服务。将售电方原本要弃的电量存储在储电方共享储能系统中，在用电高峰和新能源出力低谷时释放电能，以每 kW·h 0.7 元的标准向光伏企业收取费用。

2.5 虚拟电厂

2.5.1 虚拟电厂概述

随着电力需求的不断增长以及全球范围内能源紧缺和环境污染等问题的日益严峻，传统能源发电的弊端日趋凸显。在全球能源互联网概念下，"一带一路"、"一极一道"等战略建设均致力于解决能源问题。由于风能、太阳能等清洁性高、发电成本降低，可再生能源成为未来全球能源发展的主要方向。随着全球能源互联网建设的推进，可再生能源的开发将迎来重大发展期。大量的分布式电源（Distributed Generation，DG），储能装置，电动汽车，可调节负荷等在内的各类分布式能源的逐步规模化接入电网，在增强了系统的运行经济性、灵活性与环保性的同时，各类分布式能源（Distributed Energy Resources，DER）自身的随机性、间歇性和波动性也对系统的协调运行提出了新的要求。

为了实现分布式电源的协调控制与能量管理，虚拟电厂（Virtual Power Plant，VPP）的概念便由此而生。

虚拟电厂是一种通过先进信息通信技术和软件系统，实现分布式电源、储能装置、可调节负荷、电动汽车等分布式能源资源的聚合和协调优化，以作为一个特殊电厂参与电力市场和电网运行的电源协调管理系统。

这无疑为高比例分布式能源大规模接入电网提供了一种崭新的思想，即可通过区域性多能源聚合的方式，来实现对大量分布式能源的灵活控制，从而在保证电网安全稳定运行的基础上，最大化各类分布式能源对于增强系统源网荷储侧互动的独特优势。

2.5.2 虚拟电厂的内部结构与基本分类

1. 虚拟电厂内部结构

虚拟电厂的出现打破了传统电力系统中物理概念上的发电厂之间、发电侧和用电侧之间的界限，可同时聚合区域内不同类型的分布式电源以及源荷侧的可控资源。虚拟电厂主要由发电侧、能量存储系统、通信系统、控制中心构成，如图 2-21 所示。

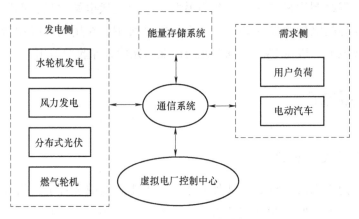

图 2-21　虚拟电厂的内部结构图

1）发电侧的分布式能源实际上可分为自用型和公用型两类。自用型的首要任务是满足其自身的负荷需求，在有多余发电能力的情况下，才考虑把多余的电能输入电网参与市场交易，典型的自用型系统主要是一些小型的分布式电源，如屋顶建筑光伏，为个人住宅、商业负荷等提供自用服务；公用型的主要任务则是将自身所生产的电能输送到电网，其运营目的就是参与电力市场出售所生产的电能，典型的公用型系统主要包含风电、光伏等新能源电站。

2）能量存储系统既可以来源于电源侧及负荷侧的自身配备，也可以是独立的能量存储单元的集合。能量存储系统可以补偿可再生能源发电出力波动性和不可控性，适应电力需求的变化，改善可再生能源波动所导致的电网薄弱性，增强系统接纳可再生能源发电的能力和提高能源利用效率。

3）通信系统是虚拟电厂进行能量管理、数据采集与监控，以及与电力系统调度中心通信的重要环节。通过与电网或者与其他虚拟电厂进行信息交互，虚拟电厂的管理更加可视化，便于电网对虚拟电厂进行监控管理。

2. 虚拟电厂的基本分类

前面已经提到，虚拟电厂可以将区域内的各类分布式能源聚合后接入电网，在这一载体下，个体分布式能源可以获得能源市场的准入并从虚拟电厂得到相关市场的实时信息。另一方面，虚拟电厂使其所属的各类分布式能源对系统运营商可见，向电网提供了一种可用于电力网络主动控制与响应的聚合资源，在市场运行中与输电网与配电网一起实现分层的需求上报与价格激励信息交互（见图 2-22）。

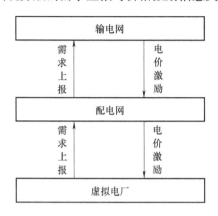

图 2-22　虚拟电厂与输配电网的协作关系

而在实际运行中，虚拟电厂会从描述各分布式能源的参数组合中创建一个操作配置文件，这个文件也正是虚拟电厂的核心信息，换言之，虚拟电厂是可用于参与如在批发市场中签订合同等电力交易，以及可以向系统运营商提供管理与辅助服务的分布式能源组合信息的灵活表示。基于这一理解，我们可以按照对外体现的功能不同，又可将虚拟电厂分为两种类型：商业型虚拟电厂（Commercial Virtual Power Plant，CVPP）和技术型虚拟电厂（Technical Virtual Power Plant，TVPP），它们在虚拟电厂运行中的具体分工、与输电系统运营商和配电系统运营商的协作关系及参与市场的流程如图 2-23 所示。

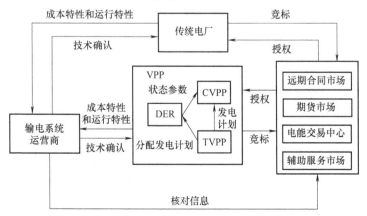

图 2-23　虚拟电厂的基本运行框架与分类

下面分别介绍商业型虚拟电厂与技术型虚拟电厂的基本特点、功能以及运营商主体的有关情况。

商业型虚拟电厂的关注焦点在于最大化其内部各类分布式能源用户的综合收益，即主要考虑商业收益，而一般不考虑配电网的影响。对于各类分布式能源的投资组合而言，这种通过资源整合并统一调度控制参与市场的方式，一方面降低了单个分布式能源参与市场的不平衡风险，并通过聚合实现了资源多样性及增加了整体容量；另一方面通过商业型虚拟电厂的聚合模式，各分布式能源主体还可以从规模经济和市场信息中获得额外收益。基于上述特点，参与商业型虚拟电厂业务的运营商可以是任何第三方独立企业、能源供应商或新的市场进入者。另外在聚合分布式能源资源的地理位置方面，在分布式能源的投资组合不受所处地理约束的市场环境下，商业型虚拟电厂可以代表系统中任何地理位置的分布式能源，而即便在对参与分布式能源地理位置有限制的市场中，例如要求均位于某一配电网区域或输电网节点，商业型虚拟电厂仍然可以表示来自不同位置的分布式能源，只是分布式能源的聚合必须按位置进行，从而产生一组由地理位置决定的分布式能源组合序列。

技术型虚拟电厂则首先一般由分布在同一地理位置的分布式资源组成，其关注的重点在于为系统运行提供服务，主要功能包括为配电系统运营商提供本地系统管理以及为输电系统运营商提供系统平衡和辅助服务。显然，技术型虚拟电厂的运营商需要有本地网络的详细信息，因此本地的配电系统运营商往往作为技术型虚拟电厂运营商主体的最佳选择。同样地，技术型虚拟电厂也可通过一个聚合的配置文件来表示各分布式能源成本和运行特性，但不同的是需要考虑局部配网对各分布式能源组合出力的约束。技术型虚拟电厂聚合并模拟了一个包含分布式发电、可控负荷等分布式能源和单一地理电网区域内网络的系统的响应特性，本质上提供了对配网子系统的运行描述。

2.5.3　虚拟电厂的整体控制结构分类和竞价交易过程

1. 虚拟电厂的整体控制结构分类

在总体上，虚拟电厂的控制整体结构可以分为集中控制、集散控制和完全分散控制三类。在集中控制结构中，由控制中心掌握所有发电或用电单元的全部信息，并对每一个单元制定的发电或用电方案拥有完全控制权。在集散控制结构中，虚拟发电厂被分为总控制中心和本地控制中心两个层级，总控制中心只负责将任务分解并分配到各本地控制中心，由各本地控制中心负责制定辖区内各单元的发电或用电方案；而总控制中心则将工作重心转移到依据用户需求和市场规则的能量优化调度方面。在完全分散控制结构中，虚拟电厂控制协调中心由数据交换与处理中心代替，而虚拟电厂也被划分为相互独立的自治的智能子单元，这些子单元不受数据交换与处理中心控制，只是接受相关信息并对自身运行状态独立地进行优化控制。

2. 虚拟电厂的竞价交易过程

上面已经提到，虚拟电厂由于聚合了供需侧的各类分布式能源，可以参与包括电能量市场、辅助服务市场等在内的各类电力市场交易。本节仅以虚拟电厂参与电能量市场为例，对虚拟电厂参与市场的竞价交易过程以及与各市场主体之间的协调关系进行介绍。

考虑在发电侧和用户侧双边开放的集中式电力市场，交易均按统一出清价结算。我们知道，虚拟电厂内既有发电资源又有需求侧资源，因而在每个交易时段，虚拟电厂都可以同时参与发电侧市场与售电侧市场来竞价交易。基于容量限制，虚拟电厂可视为价格接受者，其报价不会影响到市场的最终出清电价，因此虚拟电厂就可根据预测的电力市场电价以及市场的历史数据，根据内部各分布式能源的实时运行状态来合理设置在双边市场的竞标电量及报价。如图 2-24 所示，虚拟电厂参与的电力市场的竞标流程可分为计划、运行和结算三个阶段，分别如下：

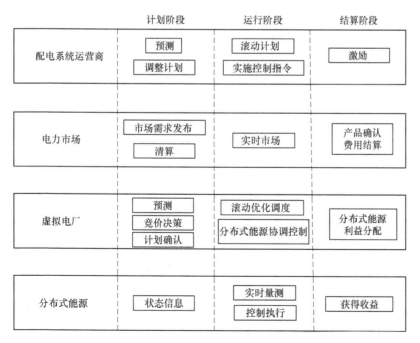

图 2-24　虚拟电厂的竞价交易过程

1）计划阶段：在日前市场开启前，虚拟电厂主要根据各分布式能源的历史运行情况，参与市场运营商组织的中长期市场，签订双边合同。

2）运行阶段：日前市场开启时，虚拟电厂作为市场的价格接受者，需要根据内部 DER 运行的历史数据及市场的历史交易情况来确定下一交易日的竞标策略，并将最终的竞标电量及报价提交给市场运营商，市场运营商在日前市场关闭完成出清，次日虚拟电厂需按照中标的电量及电价完成交易。而在日内市场中，由于实时电能量市场是逐时段开启的，虚拟电厂需要实时更新并重新预测其内部各分布式能源的状态，重新制定并逐时段向市场运营商提交参与现货市场的竞标电量及电价。在实时运行之前，市场运营商会根据最新的超短期负荷预测结果及电网运行信息对全网的发电资源重新进行集中优化，每隔一段时间滚动出清下一时段的实时中标电量和电价。

3）结算阶段：由于实时电能量市场的出清结果与日前交易计划存在差异，在事后结算中，一般日前中标电量按照日前中标电价结算，而实时中标电量与日前中标电量的偏差按照实时中标电价结算。此外，在结算阶段的内部收益分配方面，虚拟电厂会把从配电系统运营商处获得的激励以及市场收益按照某种公平机制分配给每个做出贡献的分布式能源。

2.5.4　虚拟电厂在能源转型方面的应用

（1）虚拟电厂在清洁、绿色能源发展方面的作用

虚拟电厂是人类社会发展对新一代电力系统建设的需求。从发展实际情况来看，虚拟电厂在解决社会资源、能源问题，促进能源的实现朝着绿色化方向发展起到了十分重要的作用，具体表现在以下几个方面：

1）虚拟电厂的存在能够在一定程度上减少分布式发电的负面效应，增强整个电网运行的安全性和有效性。另外，在虚拟电厂的作用下还能够通过多种分布资源来进行发电处理，实现对电力系统负荷的有效调控，在必要的情况下中断电价，实现节能储备。在虚拟电厂协调控制系统的作用下还能够在一定程度上减少分布电源对整个电力企业并行发展带来的不利影响，在最大限度上实现电力资源的合理优化利用，为整个配电系统的稳定发展提供更有利的支持。

2）提升分布式能源发电的有效性。在社会经济和科技的发展支持下，我国分布式光伏、分散风险等分布式资源得到了快速的发展，由此对以往的电力的运行带来了一系列的挑战和分析。为了能够更好地促进电网运行，需要对电网内部组织进行优化，通过优化电网组织来减少外界对电网运行的影响。

3）在社会主义市场经济的作用下来合理优化配置各类电力资源，并在分布

式系统的作用下对各类分布资源进行合理优化处理。同时，在具体发展的过程中虚拟电厂还是分布式资源、电力调度机构、电力市场发展的桥梁，拥有多样化的发电资源。

（2）虚拟电厂在协调控制、智能计量、信息通信等方面的作用

在以往，虚拟电厂的发展本质是能效电厂，具体是通过在用电需求方安装一些能够提升用电效能设备。从虚拟电厂发展实际情况来看，虚拟电厂运行发展过程中所涉及的技术形式和手段众多，具体包含系统调控技术、交易运营管理技术、智能化操作技术、信息通信管理技术等，相信在社会经济的不断发展下，虚拟电厂在资源调配等方面的作用能够更好地凸显出来。

（3）虚拟电厂在推动智能电网建设的作用

在能源发展规划中国家强调要积极推进智能电网的建设，推动能源方式变革的要求。虚拟电厂自身所具备的经济效益能够为智能电网解决资源环保问题提供重要支持，并在资源紧缺和环境恶劣的社会背景下为电力系统的稳定发展提供有力支持，满足社会发展对电力系统的要求。

追本溯源，无论是国内还是国外，虚拟电厂这一概念的出现以及各国在实践中的探索，离不开供给侧各类分布式可再生能源发电的快速发展，需求侧各类可调负荷的大量出现以及储能、电动汽车等资源的规模化发展，电网的供需平衡环境发生的变化对系统的运行方式变革提出了新的要求，即电网结构向清洁低碳转型以及电网运行方式向源网荷储灵活互动转型，这是虚拟电厂在我国与欧美国家得以出现并逐步兴起的共同背景。而另一方面，我国与欧美国家的不同之处在于，欧美国家的电力市场化改革已在虚拟电厂提出之前或同时期，得到了较完备的发展，其虚拟电厂的众多实践案例也表明了市场配置资源的开放竞争的环境是在一定意义上有利于虚拟电厂这一分布式能源聚合商的实践落地的。我国当前的电力市场化改革还面临着诸多挑战，如何在我国电力体制改革的实际背景中发展与应用虚拟电厂，实际上也是如何找到一条协调我国电力市场化进程与能源转型的"中国特色道路"的一个交切面所在。但毋庸置疑的是虚拟电厂作为一种能有效提高能源使用效率，优化可再生能源消纳、实现大量分布式能源的可靠接入与灵活控制的有效市场手段，未来在我国能源清洁、低碳、高效转型与电力体制改革中，必将得到更多的理论发展与实践应用，给出更多"中国特色"的虚拟电厂成功案例。

第**3**章

制 热

3.1 热力负荷

热负荷是指在某一室外气候条件下，为到达要求的室内温度，供暖系统单位时间内向建筑物供给的热量。

在讨论热负荷之前，首先应了解两种供暖方式：一种是连续供暖；另一种是间歇供暖。连续供暖时，室内空气温度在一天 24h 内均保持为设计值；而间歇供暖设计时，允许一天中的非使用期内，室温有所下降。不同的供暖方式所需要的供暖设备的额定容量不相同，也就是它们的设计热负荷值不同，确定方法也不相同。

本章只阐明连续供暖设计热负荷的确定方法。另外，还应了解，本章所述设计热负荷的确定方法是针对房间全面供暖用的，即以整个房间为对象，保持整个房间的空气处在一定的舒适温度上。而不针对只保持房间内某部分区域的供暖温度需要，即所谓局部供暖时使用的方法。

在冬季，为了维持室内空气一定的温度，需要由供暖设备向供暖房间供出一定的热量，称该供热量为供暖系统的热负荷。对一个已知的房间，供暖热负荷是个变化着的量，例如：外温下降或上升热负荷会增大或减少。为了设计供暖系统，即为了确定热源的最大出力（额定容量），确定系统中管路的粗细和输送热媒所需安装的水泵（水暖时）的功率，以及为了确定室内散热设备的散热面积等，均须以本供暖系统所需具有的最大供出热量值为基本数据，这个所需最大供出热量值叫作供暖系统的设计热负荷。因为影响供暖热负荷值的主要因素是室内外空气的温差，故我们把在室外设计温度下，也就是供暖系统所能保证的最低外温下，为维持室内空气达到标准规定的温度，也就是说，维持室内空气为设计温度，所必须由供暖设备供出的热量叫作供暖系统的设计热负荷。

决定供暖热负荷值的因素，对一已知房间而言，是房间的得热量与失热量。也就是当室温保持恒定时，除去供暖设备向室内供出的热量之外，在某一瞬间，所有流入或流出房间的热量。这些得、失热量包括：

1）通过围护物的传热耗热量 Q_1。这里指的是通过房间围护物所进行的热量传递引起的耗热量，包括通过外围护物的温差传热、太阳辐射的透过和围护物外表面吸收太阳辐射后的传入热量，也包括通过内围护物的温差传热等。

围护物的传热耗热量，可由下式计算：

$$Q_1 = KF(t_n - t_w)a(1+\beta) \tag{3-1}$$

式中　K——围栏结构的传热系数，单位 W/（m²℃），可由表 3-1 查询得到；

　　　F——围护结构的面积，单位 m²；

　　　t_n——冬季室内计算温度，单位℃；

　　　t_w——供暖室外计算温度，单位℃；

　　　a——围护结构的温差修正系数，通常情况下取 1；

　　　β——朝向修正系数，由于太阳辐射对耗热量的修正。

其中 β 宜按下列规定数值，选用不同朝向修正率。

北、东北、西北：0~10%；

东南、西南：-10%~15%；

东、西：-5%；

南：-15%~30%。

选用修正率时，应考虑当地冬季日照率、建筑物使用和被遮挡情况。

整个建筑物或房间的传热耗热量等于其围护结构各个部分传热耗热量的总和。

2）加热由门、窗缝隙渗入室内的冷空气的耗热量 Q_2，称为冷风渗透耗热。应注意，当建筑围护物本体具有不规则的孔隙或缝隙时，通过这些不便于丈量又形状复杂的不严密处渗入室内的冷空气的吸热量不包含在此项 Q_2 中。

3）加热经开启的门、孔洞由室外或邻室侵入室内的冷空气的耗热量 Q_3，称为冷风侵入耗热量。

4）水分蒸发吸热量 Q_4。

5）加热由外部运入的冷物料和运输工具等的耗热量为 Q_5。

6）通风耗热量即指未设人工进风补热的房间人工排风系统的排风所带走的热 Q_6。

7）工艺设备散热量 Q_7。

8）除供暖管道之外的热管道及其他热表面的散热量Q_8。

9）热物料散热量Q_9。

10）其他途径散失或获得的热量Q_{10}。

在上述得、失热量项目中，第4）~10）项主要发生在工业建筑内或少数的公共建筑内。对住宅、办公楼等类型的民用建筑，经常是只发生第1）~3）项得失热量，第10）项其他途径的得失热量在民用建筑中应该是"自由热"，即人体、炊事、照明、家用电器等发热；但在确定供暖设计热负荷时，考虑到自由热的数值不大，且不稳定，规范规定将之忽略。于是，对没有设置机械进、排风通风系统的一般民用建筑物，供暖设计热负荷Q°为

$$Q^\circ = Q_1^\circ + Q_2^\circ + Q_3^\circ \qquad (3-2)$$

式中　上标"°"表示设计工况下的各种参数以区别于任意（非设计）工况下的各参数值。

Q°也常被称为"房间热损失"。对工业建筑及某些公共建筑，当已知一个车间或公共场所的建筑平、剖面尺寸和围护物构造，以及生产工艺和生活活动对室温的要求后，便可首先计算房间热损失；然后，再依据车间性质和生产过程的特点，逐项计算Q_4°~Q_{10}°值；最后，尚须经过各车间或工部的热平衡计算与风平衡计算，最终确定供暖系统的设计热负荷。

在实际工作中，也可根据以往积累的空调负荷概算指标做热负荷的粗略估算。所谓热负荷概算指标，是指折算到建筑物中每$1m^2$供热面积所需要提供的热负荷值。部分公共建筑的热负荷概算指标见表3-2。

表 3-1　建筑常用围护结构的传热系数 K

类型		K
1）门		
实体木质外门	单层	4.65
	双层	2.33
带玻璃的阳台外门	单层（木框）	5.82
	双层（木框）	2.68
	单层（金属框）	6.40
	双层（金属框）	2.91
单层内门		5.82
2）外窗及天窗		
木框	单层	2.68
	双层	6.40
金属框	单层	3.26
	双层	3.49
单框二层玻璃窗		4.65
3）外墙		
内表面抹灰砖墙	24 砖墙	2.08
	37 砖墙	1.57
	49 砖墙	1.27
内墙（双面抹灰）	12 砖墙	2.31
	24 砖墙	1.72

表 3-2 部分公共建筑的热负荷概算

建筑类型	热负荷/(W/m²)	建筑类型	热负荷/(W/m²)
办公楼、学校	60~80	商场	65~80
图书馆	50~80	医院	65~80
旅馆	60~70	剧场	95~115
餐厅	115~140	体育馆	110~160
展览厅、报告厅	95~115	会议室	100~150

以上是对不同建筑物热负荷指标选取的经验总结，实际选取的时候还要考虑建筑物维护结构的性能以及用户的特殊需求（投资、舒适性）；另外，当建筑物是复合建筑类型时，即该建筑物具有多种功能，这时应该根据不同功能建筑物所占面积的百分比得出加权平均热负荷指标。

当建筑物有新风需求，且新风负荷由空调系统承担时，热负荷指标在选取时应相应增大，简化计算时可乘以 1.2~1.4 的系数。

3.2 供暖系统概述

3.2.1 供暖系统的分类

所有供暖系统都由热媒制备（热源）、热媒输送和热媒利用（散热设备）三个主要部分组成。供暖系统的分类有许多方法，根据三个主要部分组成的相互位置关系来分，供暖系统可分为局部供暖系统和集中供暖系统。热媒制备、热媒输送和热媒利用三个主要部分组成在一起的供暖系统，称为局部供暖系统，如烟气供暖（火炉、火墙和火炕等）、电热供暖和燃气供暖等。虽然燃气和电能通常由远处输送到室内来，但热能的转化和利用都是在散热设备上实现的。当热源和散热设备分别设置，用热媒管道相连接，由热源向各个房间或各个建筑物供给热量的供暖系统，称为集中供暖系统。

图 3-1 是集中式热水供暖系统的示意图。热水锅炉与散热器分别设置，通过热水管道（供水管和回水管）相连接。

循环水泵使热水在锅炉内加热，在散热器冷却后返回锅炉重新加热。膨胀水箱用于容纳供暖系统升温时的膨胀水量，并使系统保持一定的压力。图 3-1 中的热水锅炉，可以向单幢建筑物供暖，也可以向多幢建筑物供暖。对一个或几

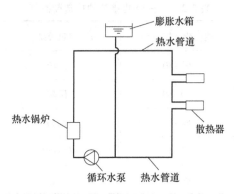

图 3-1 集中式热水供暖系统示意图

个小区多幢建筑物供暖的集中供暖方式，在国内也惯称为联片供暖（热）。

在供暖系统中，根据其散热给室内的方式不同，可将供暖系统分为对流供暖和辐射供暖。以对流换热为主要方式的供暖，称为对流供暖。供暖系统采用散热器作为散热设备时，就属于这种方式。辐射供暖是以辐射传热为主的一种供暖方式。辐射供暖系统的散热设备，主要采用金属辐射板或以建筑物部分顶棚、地板或墙壁作为辐射散热面。

另外，供暖系统根据使用热媒的不同，可分为热水供暖、蒸汽供暖及热风供暖三类。热风供暖是利用热空气作为热媒向室内供给热量，它也属于对流供暖。蒸汽供暖是以蒸汽作为热媒，根据蒸汽的压力不同分为低压蒸汽供暖和高压蒸汽供暖，主要用于工矿企业中。热水供暖是以热水作为热媒，主要用于民用建筑，它可按下述方法分类：

1）按热水温度的不同，可分为低温水供暖系统和高温水供暖系统。在我国，习惯认为：水温低于 100℃ 的热水，称为低温水，水温超过 100℃ 的热水，称为高温水。在其他国家，对于低温水和高温水的界限，都有自己的规定，并不统一。

2）按供暖系统循环的动力不同，可分为重力（自然）循环供暖系统和机械循环供暖系统。靠水的密度差进行循环的系统，称为重力循环供暖系统；靠机械（水泵）进行循环的系统，称为机械循环供暖系统。机械循环供暖系统是使用最广泛的系统。对于集中供暖的民用住宅由于分户计量收费的实施，其机械循环供暖系统也称为分户计量供暖系统。

3）按散热器在系统中的连接方式不同，可分为单管系统和双管系统。散热器串联在系统中的方式称为单管系统；散热器并联在系统中的方式称为双管系统。

4）按系统管道敷设方式不同，可分为垂直式系统和水平式系统。

3.2.2　供暖系统的选择

供暖系统的选择，包括确定供暖热媒种类及选择系统形式两项内容。选择时，应根据建筑使用性质、材料供应情况、区域热媒状况或城市热网工况等条件综合考虑。本着适用、经济、节能、安全的原则进行确定：

1）根据我国能源状况和能源政策，民用建筑供暖仍以煤作为主要燃料。供暖热源主要依靠集中供热锅炉房，供热锅炉房应尽量靠近热负荷密集的地区，以大型、集中、少建为宜。有条件利用城市热网作热源的建筑，应尽量利用城市热网。新建锅炉房时，也应考虑今后能与区域供热系统或城市热网相连接。

2）在工厂附近有余热、废热可作为供暖热源时，应尽量予以利用。有条件的地区，还可开发利用地热、太阳能等天然资源。

3）新建居住建筑的供暖系统，应按热水连续供暖（即 24h 不间断供暖）进行设计与计算。住宅区内的商业文化及其他公共建筑，也应尽量采用热水系统，考虑使用的间断性，为节省能源，应单独设置手动或自动的调节装置。

4）在工业建筑中，工厂生活区应尽量采用热水供暖，也可考虑低压蒸汽供暖。附属于工厂车间的办公室、广播室等房间，允许采用高压蒸汽供暖，但要考虑散热器及管件的承压力，供汽压力一般不应超过 0.2MPa。

5）对于托儿所、幼儿园及医院的手术室、分娩室、小儿病房等，最好采用 85~65℃ 的温水连续供暖，并应从系统上考虑这部分建筑能够提前和延长供暖期限，以满足使用要求。

6）住宅底层的商店或住宅楼下的人防地下室需装置供暖设备时，其供暖系统应与住宅部分的供暖系统分别设置，以便于维护和管理。

7）具有高大空间的体育馆、展览厅及厂房、车间等，宜采用热风供暖。也可将散热器作为值班供暖，而以热风供暖作为不足部分的补充。

8）在集中供暖系统中，供暖时间不同的建筑（如学校的教学楼与宿舍楼、住宅区内的住宅楼与其他公共建筑），应在锅炉房内设分水器，以便按供暖时间的不同分别进行控制。

9）民用及公共建筑不宜选用蒸汽供暖系统，蒸汽供暖虽具有节省投资的优点，但卫生条件差、容易锈蚀、维修量大、漏汽量大、凝水回收率低而且有噪声，近年来已很少采用。若选用蒸汽作热媒时，必须进行经济技术综合分析后认为确实合理方可采用。

3.3 热水供热

供热系统主要采用两种系统形式：闭式系统和开式系统。在闭式系统中，热网的循环水仅作为热媒，供给热用户热量而不从热网中取出使用。在开式系统中，热网的循环水部分或全部地从热网中取出，直接用于生产或热水供应热用户中。双管闭式热水供热系统是我国目前最广泛应用的热水供热系统，开式系统在我国并没有得到应用。

下面分别介绍闭式热水供热系统热网与供暖、通风、热水供应等热用户的连接方式，如图3-2所示。

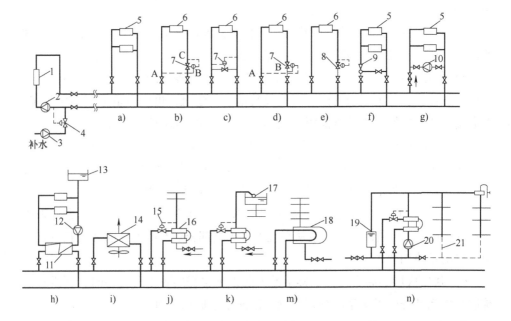

a）无混合装置的直接连接；b）压差控制阀与用户串联；c）压差控制阀与用户并联；

d）控制节点压差；e）装定流量阀的方式；f）装水喷射器的直接连接；g）装混合水
泵的直接连接；h）供暖热用户与热网的间接连接；i）通风热用户与热网的连接；

j）无储水箱的连接方式；k）装设上部储水箱的连接方式；m）装置容积式换
热器的连接方式；n）装设下部储水箱的连接方式

图3-2 双管闭式热水供热系统示意图

1—热源的加热装置　2—网路循环水泵　3—补给水泵　4—补给水压力调节器　5—散热器　6—热用户
7—压差控制阀　8—定流量阀　9—水喷射器　10—混合水泵　11—表面式水-水换热器　12—供暖热用
户系统的循环水泵　13—膨胀水箱　14—空气加热器　15—温度调节器　16—水-汽式换热器　17—储水箱
18—容积式换热器　19—下部储水箱　20—热水供应系统的循环水泵　21—热水供应系统的循环管路

3.3.1　供暖系统热用户与热水网路的连接方式

1. 无混合装置的直接连接

如图 3-2a 所示热水由热网供水管直接进入供暖系统热用户，在散热器内放热后，返回热网回水管。这种直接连接方式最简单，造价低。但这种无混合装置的直接连接方式，只能在网路的设计供水温度符合供暖系统热用户的需要时方可使用，且用户引入口处热网的供、回水管的资用压差必须大于或等于供暖系统用户要求的压力损失。

过去，在不采用自动控制设备的情况下，绝大多数低温水热水供热系统都是采用无混合装置的直接连接方式。但现在随着分户计量收费的实施，系统中大量的使用压差控制阀、定流量阀等自动控制设备，因此出现了不同的型式，如图 3-2b、c、d、e 所示。图 3-2b、c、d 适用于变流量的供暖系统热用户，而图 3-2e 用于定流量的供暖系统热用户。在图 3-2b、d 所示的系统中，热水网路和供暖系统都是采用变流量运行，但压差控制阀控制的压差各不相同。在图 3-2b 所示的系统中，压差控制阀控制的是 A 点和 C 点之间的压差为变值。而在图 3-2d 所示的系统中，压差控制阀控制的是 A 点和 B 点之间的压差为定值。在图 3-2c 所示的系统中，供暖系统是变流量运行，而热水网路是定流量运行。在图 3-2e 所示的系统中，供暖系统是定流量运行，而热水网路是变流量运行。

2. 装水喷射器的直接连接

如图 3-2f 所示热网供水管的高温水进入水喷射器（9），在喷嘴处形成很高的流速，喷嘴出口处动压升高，静压降低到低于回水管的压力，回水管的低温水被抽引进入喷射器，并与供水混合，使进入用户供暖系统的供水温度低于热网供水温度，符合用户系统的要求。

水喷射器无活动部件、构造简单、运行可靠、网路系统的水力稳定性好。但由于抽引回水需要消耗能量，热网供、回水之间需要足够的资用压差，才能保证水喷射器正常工作。如当用户供暖系统的压力损失 10～15kPa，混合系数（单位供水管水量抽引回水管的水量）1.5～2.5 的情况下，热网供、回水管之间的压差需要达到 80～120kPa 才能满足要求，因而水喷射器直接连接方式，通常只用在单幢建筑物的供暖系统上，需要分散管理。

3. 装混合水泵的直接连接

如图 3-2g 所示当建筑物用户引入口处，热水网路的供、回水压差较小，不能满足水喷射器正常工作所需的压差，或设集中泵站将高温水转为低温水，向多幢或街区建筑物供暖时，可采用装混合水泵的直接连接方式。

来自热网供水管的高温水，在建筑物用户入口或专设热力站处，与混合水泵抽引的用户或街区网路回水相混合，降低温度后，再进入用户供暖系统。为防止混合水泵扬程高于热网供、回水管的压差，而将热网回水抽入热网供水管内，在热网供水管入口处应装设止回阀，通过调节混合水泵的阀门和热网供、回水管进出口处的阀门开启度，可以在较大范围内调节进入用户供热系统的供水温度和流量。在热力站处设置混合水泵的连接方式，可以适当地集中管理。但混合水泵连接方式的造价比采用水喷射器的方式高，运行中需要经常维护并消耗电能。装混合水泵的连接方式是我国目前城市高温水供暖系统中应用较多的一种直接连接方式。

4. 间接连接

如图 3-2h 所示，间接连接系统的工作方式如下：热网供水管的热水进入设置在建筑物用户引入口或热力站的表面式水-水换热器（11）内，通过换热器的表面将热能传递给供暖系统热用户的循环水，冷却后的回水返回热网回水管去。供暖系统的循环水由热用户系统的循环水泵驱动循环流动。

间接连接方式需要在建筑物用户入口处或热力站内设置表面式水-水换热器和供暖系统热用户的循环水泵等设备，造价比上述直接连接高得多。循环水泵需经常维护，并消耗电能，运行费用增加。

基于上述原因，我国城市集中供热系统、供暖系统热用户与热水网路的连接，多年来主要采用直接连接方式。只有在热水网路与热用户的压力状况不适应时才采用间接连接方式。如热网回水管在用户入口处的压力超过该用户散热器的承受能力，或高层建筑采用直接连接，导致整个热水网路压力水平升高时就得采用间接连接方式。

但国内多年运行实践表明，采用直接连接，由于热用户系统漏损水量大多超过规定的补水率，造成热源水处理量增大，影响供热系统的供热能力和经济性。采用间接连接方式，虽造价增高，但热源的补水率大大减小，同时热网的压力工况和流量工况不受用户的影响，便于热网运行管理。因此，近年来国内许多城市正逐步地将供暖系统热用户与热网的连接方式，由直接连接改为间接连接方式。可以预期，今后间接连接方式会得到更多的应用。

3.3.2 重力循环热水供热系统

重力循环热水供暖系统是最早采用的一种热水供暖方式，已有约 200 年的历史，至今仍在应用。其系统组成如图 3-2 所示。它是利用供水与回水的密度差以及供暖炉与散热器之间的高度差所产生的自然作用压力而进行循环的。它不需要任何外界动力，只要锅炉生火，系统便开始运行，所以又称自然循环供暖系统。它装置简单，运行时没有噪声，但由于其运行的动力小，管径相对于机械循环供暖系统更大，故应用范围受到限制，通常只能在单幢建筑物中使用，其作用半径不宜超过 50m。在系统工作之前，应先将系统充满冷水，当水在锅炉内被加热后，密度减小，同时受着从散热器流回来密度较大的回水的驱动，使热水沿供水干管上升，流入散热器。在散热器内水被冷却，再沿回水干管流回锅炉，这样水就在系统中形成了循环流动。重力循环热水供暖系统循环作用压力的大小，取决于水温（水的密度）在循环环路的变化状况。重力循环热水供暖系统主要分双管和单管两种形式，图 3-3 为双管上供下回式系统，图 3-4 为单管上供下回顺流式系统。

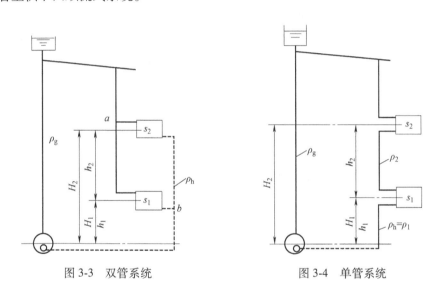

图 3-3　双管系统　　　　　　　　　图 3-4　单管系统

图 3-3 和图 3-4 中，ρ_g 为供暖系统供水的密度；h_1 为冷却中心 1 与锅炉中心的垂直距离；h_2 为从计算的冷却中心 2 到冷却中心 1 之间的垂直距离；H_1、H_2 分别为从计算的冷却中心到锅炉中心之间的垂直距离；ρ_1、ρ_2 为流出所计算的冷却中心的水的密度。

3.3.3　机械循环热水供暖系统

比较高大的建筑，采用重力循环供系统时，由于受到作用压力、供暖半径的限制，往往难以实现系统的正常运行。而且，因水流速度小，管径偏大，也不经济。因此，对于比较高大的多层建筑、高层建筑及较大面积的小区集中供暖，都采用机械循环供热系统。机械循环供热系统，是靠水泵作为动力来克服系统环路阻力的，比重力循环供暖系统的作用压力大得多。其中散热器热水供暖系统是以散热器作为供暖设备，它是目前我国使用最广泛的供暖系统。低温热水地板辐射供暖系统则是指采用低于60℃的低温水作为热媒，通过直接埋入建筑物地板内的加热盘管进行低温辐射供热的系统。由于它要求的供水温度较低（一般为50℃左右），可以利用热网回水、余热水或地热水等，因此从卫生条件和经济效益上看，是一种较好的供热方式。其系统的组成主要由热媒集配装置以及埋设于地面垫层内的加热管组成。

3.4　蒸汽供热

目前在我国工程上还是按供汽压力的大小，将蒸汽供暖系统分为三类：供汽压力高于0.07MPa表压时，称为高压蒸汽供暖；供汽压力等于或低于0.07MPa表压，称为低压蒸汽供暖；蒸汽压力低于大气压力时，称为真空蒸汽供暖。

按照蒸汽干管对于散热设备的位置不同，蒸汽供暖系统可分为上供式、下供式和中供式三种。

按照立管的布置，蒸汽供暖系统有单管式和双管式两种。

按照回送凝结水动力的不同，蒸汽供暖系统可分为重力回水和机械回水两大类。

3.4.1　低压蒸汽供暖系统

蒸汽供暖系统是以水蒸气作为热媒的供暖系统。供汽的表压力小于或等于70kPa时，称为低压蒸汽供暖。低压蒸汽供暖系统可分为重力回水式蒸汽供暖系统和压力回水式蒸汽供暖系统。

双管重力回水低压蒸汽供暖系统，是经常采用的一种低压蒸汽采暖系统形式。从锅炉产生的低压蒸汽在自身压力作用下，克服流动阻力经室外蒸汽管、室内蒸汽主立管、蒸汽干管、立管和散热器支管进入散热器内。蒸汽在散热器内放出汽化潜热变成凝结水。凝结水从散热器流出后，经凝结水支管、立管、干管进入锅炉，重新被加热变成蒸汽送入供暖系统。

当系统作用半径较大，供汽压力较高（通常供汽表压力高于20kPa）时，就都采用压力回水系统。压力回水系统与重力回水系统的不同之处在于：压力回水凝水不直接返回锅炉，首先进入凝水箱，然后再利用凝结水泵将凝水返回锅炉重新加热。

3.4.2 高压蒸汽供暖系统

高压蒸汽供暖与低压蒸汽供暖相比，有下述技术经济特点：

1）高压蒸汽供汽压力高、流速大、系统作用半径大，对相同热负荷，所需管径小，但沿途凝结水排除不畅时，系统内水击严重。

2）散热设备内蒸汽压力高，因而散热表面温度高。对同样热负荷，所需散热面积较小；但易烫伤人和烧焦落在散热面上的有机灰尘，产生难闻的气味，安全条件和卫生条件都较差。

3）凝结水温度高。凝结水管和凝结水箱中均可能有二次汽存在。因而凝结水管径较大，要求有凝结水降温和二次汽利用措施，设备多、管理更复杂。

4）凝结水回送的动力，除可靠重力回水外，也可靠疏水器出口处的背压（指疏水器出口处凝结水具有的压力）回水、借助电泵或借助高压蒸汽本身，通过所谓凝结水自动泵回送。对室外结水管网，回送高压凝结水时，不要求锅炉房凝结水箱必须位于全厂最低点；对室内凝结水回送管，经过散热设备出口的疏水器后，也允许抬头向上一定高度。

5）高压蒸汽供暖系统的供汽压力一般由管路和设备的耐压强度来确定。供汽压力则由散热设备内拟采用的蒸汽压力来估算。为了各环路的压力损失平衡，保证最不利环路的供汽量，高压蒸汽管路与低压蒸汽管路同样，不采用大的比压降，可以按散热设备内的蒸汽压力的 1.3~1.4 倍来估定供汽初压。

3.5 热泵技术

3.5.1 热泵概述

热泵是一种利用高位能使热量从低位热源流向高位热源的节能装置。顾名思义，热泵也就是像泵那样，可以把不能直接利用的低位热能（如空气、土壤、水中所含的热能、太阳能、工业废热等）转换为可以利用的高位热能，从而达到节约部分高位能（如煤炭、燃气、燃油、电能等）的目的。热泵既遵循热力学第一定律，在热量传递与转换的工程中，遵循着守恒的数量关系；又遵循着热力学第二定律，热量不可能自发、不付出代价地、自动地从低温物体转移至高温物体。在热泵的定义中明确指出，热泵是靠高位能拖动，迫使热量从低温物体传递给高温物体。

以热泵冷热水机组作为空调冷热源，以全空气系统、全水系统或空气-水系统组成的热泵空调系统（见图 3-5）是目前国内应用较为广泛的一种系统。根据选用的热泵冷热水机组种类的不同，可分为空气源热泵空调系统和地源热泵空调系统，前者选用的是空气源热泵冷热水机组（空气/水热泵），而后者选用的水源热泵冷热水机组（水/水热泵）。地源热泵空调系统又分为大地耦合热泵空调系统、河水源热泵空调系统、海水源热泵空调系统等。这类热泵空调系统的特点是，利用集中布置在机房内的热泵机组制备热水（或冷水），再通过空调水系统将热水（或冷水）输送给用户供暖（或供冷）。

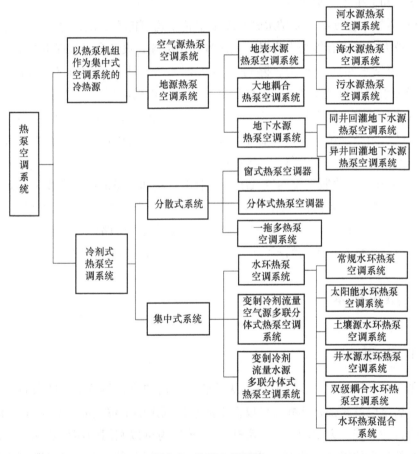

图 3-5　热泵空调系统

冷剂式热泵系统是制冷剂式空调系统的一种。它的特点是将小型热泵式空调机（如分体式、单元式）直接置于建筑物每个房间内或每个区内，热泵机组中冷凝器（或蒸发器）直接向空调房间放出或吸收热量，以达到制热或制冷的目的。

3.5.2　热泵空调系统

热泵空调系统是热泵系统中应用最为广泛的一种系统。在空调工程实践中，常在空调系统的部分设备或全部设备中选用热泵装置。空调系统中选用热泵时，称其系统为热泵空调系统，简称热泵空调。它与常规的空调系统相比，具有如下特点：

1）热泵空调系统用能遵循了能级提升的用能原则，而避免了常规空调系统用能的单向性。所谓的用能单向性是指"热源消耗高位能（电、燃气、油和煤等）→向建筑物内提供低温的热量→向环境排放废物（废热、废气废渣等）"的单向用能模式。热泵空调系统用能是一种仿效自然生态过程物质循环模式的部分热量循环使用的用能模式。

2）热泵空调系统用大量的低温再生能替代常规空调系统中的高位能。通过热泵技术，将贮存在土壤、地下水、地表水或空气中的太阳能之类的自然能源，以及生活和生产排放出的废热，用于建筑物采暖和热水供应。

3）常规暖通空调系统除了采用直燃机的系统外，基本上分别设置热源和冷源，而热泵空调系统是冷源与热源合二为一，用一套热泵设备实现夏季供冷、冬季供暖，冷热源一体化，节省设备投资。

4）一般来说，热泵空调系统比常规空调系统更具有节能效果和环保效益。

3.6　锅炉供热

3.6.1　锅炉供热概述

一个供热系统是由热源、热网和热用户组成的。通常利用锅炉及锅炉房设备生产出蒸汽或热水，而后通过热力管道将蒸汽或热水输送至用户，以满足生产工艺和采暖及生活等方面的需要。因此，锅炉是供热之源。锅炉及锅炉房设备的任务，在于安全可靠、经济有效地把燃料的化学能转化为热能，进而将热能传递给水，以生产热水或蒸汽。蒸汽，不仅用作将热能转变成机械能的工质产生动力，用于发电等；蒸汽（或热水）也用作载热体，为工业生产、采暖通风空调等方面提供所需的热量。通常，把用于动力、发电方面的锅炉，叫作电站锅炉；把用于工业、采暖和生活方面的锅炉，称为供热锅炉，又称工业锅炉。

随着我国经济建设的迅速发展，锅炉设备已广泛应用于现代工业的各个部门和生活领域，成为发展国民经济的重要热工设备之一。从量大面广的这个角度来看，除了电力行业以外的各行各业中运行着的主要是中小型低压供热锅炉。

2021 年全国工业锅炉产量累计达 389052 万台。随着我国工业现代化和城镇化的推进、城市高层民用建筑的快速崛起和油气资源的大力开发，特别是国家对环保工作要求的提高，近些年来燃油、燃气锅炉的比例正日益增大。尽管如此，由于我国以煤为主的能源结构，锅炉燃料目前还是以煤为主，燃煤锅炉约占 70%。燃煤供热锅炉的热效率普遍较低，实际运行效率只有 60%~75%，比当前发达国家的供热锅炉效率低 1%~10%，节能潜力很大。而且，每年排放大量的烟尘和 SO_2，NO，CO_2 等有害气体，严重污染了大气和环境。因此，我们当前面临的是节能和环境保护两大课题。

锅炉房设备是保证锅炉源源不断地生产蒸汽或热水而设置的，诸如输煤除渣机械、储油和加压加热设备、燃气调压装置、送引风机、水泵和量测控制仪表等不可缺少的辅助装置和设备。借此锅炉房成为供热之源，安全可靠、经济有效地为用户提供热量。

3.6.2 锅炉的基本构造

图 3-6 所示为一台燃煤的 SHL 型锅炉，也称双锅筒横置式链条炉排锅炉。

汽锅的基本构造包括锅筒（又称汽包）、管束、水冷壁、集箱和下降管等，它是一个封闭的汽水系统。炉子包括煤斗、炉排、炉膛渣板、送风装置等，是燃烧设备。

此外，为了保证锅炉的正常工作和安全，蒸汽锅炉还必须装设安全阀、水位表、高低水位警报器、压力表、主汽阀、排污阀、止回阀等；还有为消除受热面上积灰以利传热的吹灰器，以提高锅炉运行的经济性。

3.6.3 锅炉的工作过程

锅炉的工作，可概括为三个过程，即同时进行着的燃料的燃烧过程、烟气向水的传热过程和水的受热、汽化过程。

1. 燃料的燃烧过程

如图 3-6 所示，锅炉的炉子设置在汽锅的前下方，这种炉子是供热锅炉中应用较为普遍的一种燃烧设备链条炉排炉。燃料在加煤斗中借自重下落到炉排面上，炉排借电动机通过变速齿轮箱减速后由链轮来带动，犹如皮带运输机，将燃料带入炉内。燃料一边燃烧，一边向后移动，燃烧需要的空气是由风机送入炉排腹中风仓后，向上穿过炉排到达燃料层，进行燃烧反应形成高温烟气。燃料最后烧尽成灰渣，在炉排末端被除渣板（俗称老鹰铁）铲除于灰渣斗后排出，这整个过程称为燃烧过程。

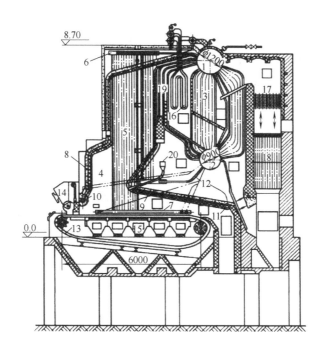

图 3-6　SHL 型锅炉

1—上锅筒　2—下锅筒　3—对流管束　4—炉膛　5—侧墙水冷壁　6—侧水冷壁上集箱

7—侧水冷壁下集箱　8—前墙水冷壁　9—后墙水冷壁　10—前水冷壁下集箱

11—后水冷壁下集箱　12—下降管　13—链条炉排　14—炉前加煤斗

15—风仓　16—蒸汽过热器　17—省煤器　18—空气预热器

19—烟窗及防渣管　20—二次风管

2. 烟气向水（汽等工质）的传热过程

由于燃料的燃烧放热，炉内温度很高。在炉膛的四周墙面上，都布置排水管，俗称水冷壁。高温烟气与水冷壁进行强烈的辐射换热，将热量传递给管内工质。继而烟气受引风机、烟囱的引力而向炉膛上方流动。烟气出烟窗（炉膛出口）并掠过防渣管后，冲刷蒸汽过热器，即一组垂直布置的蛇形管受热面，使汽锅中产生的饱和蒸汽在其中受烟气加热而得到过热。烟气流经过热器后又掠过胀接在上、下锅筒间的对流管束，在管束间设置了折烟墙使烟气呈"S"形曲折地横向冲刷，再次以对流换热方式将热量传递给管束内的工质。沿途降低温度的烟气最后进入尾部烟道，与省煤器和空气预热器内的工质进行热交换后，以经济的较低烟温排出锅炉。省煤器实际上是给水预热器，它和空气预热器一样，都设置在锅炉尾部（低温烟道以降低排烟温度提高锅炉效率，从而节省了燃料。

3. 水的受热和汽化过程

这是蒸汽的生产过程，主要包括水循环和汽水分离过程。经水处理设备处理并符合锅炉水质要求的给水由水泵加压，先流经布置在尾部烟道中的省煤器而得预热，然后进入汽锅。

锅炉工作时，汽锅中的工质是处于饱和状态下的汽水混合物。位于烟温较低区段的对流管束，因受热较弱，汽水工质的密度较大；而位于烟气高温区的水冷壁和对流管束，因受热强烈，相应地工质的密度较小，从而密度大的工质往下流入下锅筒，密度小的向上流入上锅筒，形成了锅水的自然循环。此外，为了组织水循环和进行输导分配的需要，一般还设有置于炉墙外的不受热的下降管，借以将工质引入水冷壁的下集箱，再通过上集箱上的汽水引出管将汽水混合物导入上锅筒。

借助上锅筒自身空间的重力分离作用和锅筒内装设的汽水分离设备，使汽水混合物得到了分离；蒸汽在上锅筒顶部引出后进入蒸汽过热器，分离下来的水仍回落到上锅筒的下半部水空间。汽锅中的水循环，也保证了与高温烟气相接触的金属受热面得以冷却而不会烧坏，是锅炉能长期安全可靠运行的必要条件；汽水混合物的分离设备则是保证蒸汽品质和蒸汽过热器可靠工作的必要设备。

3.6.4 锅炉的分类

锅炉分类的方法很多，通常可按锅炉用途容量、参数、燃烧方式和水循环方式等进行分类。

（1）按锅炉用途分类

锅炉按用途可分为电站锅炉和供热锅炉（也称工业锅炉）两大类。前者用于生产电能；后者用于工业生产工艺、供热和生活。

（2）按锅炉容量分类

锅炉容量用蒸发量 D 来表示。按蒸发量大小，锅炉有小型、中型和大型之分，但它们之间没有固定的分界。对于电站锅炉，一般认为 $D<400t/h$ 的为小型锅炉，D 在 $400\sim670t/h$ 之间的为中型锅炉，$D>670t/h$ 的为大型锅炉。电站锅炉的容量日益增大是总的发展趋势。相比于电站锅炉，供热锅炉容量就很小，蒸发量 D 一般在 $0.1\sim65t/h$。

（3）按蒸汽参数分类

蒸汽参数包括压力和温度。电站锅炉分类通常按蒸汽压力高低，分为低压锅炉（$p\leqslant2.45MPa$）、中压锅炉（$p=2.94\sim4.92Pa$）、高压锅炉（$p=7.84\sim$

10.8MPa)、超高压锅炉（$p = 11.8 \sim 14.7$MPa）、亚临界压力锅炉（$p = 15.7 \sim 19.6$MPa）和超临界压力锅炉（$p \geqslant 22.1$MPa）等。

供热锅炉由于工业生产工艺、供暖和生活用气都无需过高的压力，依据国家标准《工业蒸汽锅炉参数系列》（GB/T 1921—2004），最高额定蒸汽压力为 2.5MPa（表压力）属于低压锅炉。

（4）按燃烧方式分类

按燃料在锅炉中的燃烧方式不同，锅炉分为层燃炉、室燃炉和流化床炉等，如图 3-7 所示。

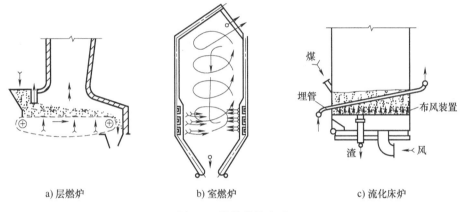

a) 层燃炉   b) 室燃炉   c) 流化床炉

图 3-7　锅炉燃烧方式

层燃炉具有炉排，煤或其他固体燃料在其炉排上呈层状燃烧。此类锅炉多为小容量、低参数，它是供热锅炉的主要型式。

室燃炉没有炉排，燃料是随空气流进入炉子，在炉膛空间中呈悬浮状燃烧的。燃烧煤粉的煤粉锅炉、燃油锅炉和燃气锅炉都属于这类锅炉，它是目前电站锅炉的主要型式。

流化床炉的底部有一多孔的布风板，燃烧所需的空气自下而上以高速穿经孔眼，均匀进入布风板上的床料层。床料层中的物料为炽热火红的固体颗粒和少量煤粒，当高速空气穿过时使床料上下翻边，呈"沸腾"状燃烧。所以，流化床炉又名沸腾炉。

（5）按水循环方式分类

按汽锅中水流经蒸发受热面的循环流动的主要动力不同，锅炉分为自然循环锅炉、强制循环锅炉和直流锅炉三类，如图 3-8 所示。

自然循环锅炉的蒸发系统由不受热的下降管、受热的蒸发管、水冷壁下集箱和汽包组成。受热蒸发管内的工质为汽水混合物，而不受热的下降管内工质

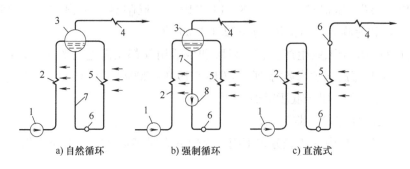

图 3-8　蒸发受热面内工质流动方式

1—给水泵　2—省煤器　3—汽包　4—过热器　5—蒸发管　6—联箱　7—下降管　8—循环泵

为单相水，前后两者密度不同，在下集箱的两侧产生不平衡的压力差。自然循环锅炉就是借此压力差为循环动力，推动工质在蒸发系统中循环流动的。

强制循环锅炉，从结构型式上看与自然循环锅炉十分相似，共同的特点是都有汽包，主要区别在于强制循环锅炉在下降汇总管上设置了循环泵，借以增强工质循环流动的推动力。

直流锅炉没有汽包，省煤器、蒸发受热面和蒸汽过热器之间没有固定的分界点，工质一次顺序流过这些受热面后全部转变为蒸汽。工质在蒸发受热面内流动的阻力，是由给水泵提供的压头来克服的。

（6）按其他方式分类

按燃料类别分类，可分为燃煤锅炉、燃油锅炉、燃气锅炉、余热锅炉、生物质锅炉、垃圾锅炉和核能锅炉等。

按结构型式分类，则有锅壳锅炉、烟管锅炉、水管锅炉和烟水管组合锅炉。

按装配方式分类，有快装锅炉、组装锅炉和散装锅炉。小型锅炉都可采用快装型式，电站锅炉一般为组装或散装。

3.6.5　蒸汽锅炉

蒸汽锅炉指的是生产蒸汽的锅炉设备，属于特种设备，其设计、生产、出厂、安装都必须接受国家技术监督部门的监查，用户需要取得锅炉使用证才能运行锅炉。和常压锅炉不同，蒸汽锅炉出厂时必须带有锅炉手续，锅炉手续包括锅炉本体图、安装图、仪表阀门图、管道图及检验合格证等。

蒸汽锅炉按照燃料可以分为电蒸汽锅炉、燃油蒸汽锅炉、燃气蒸汽锅炉等；蒸汽锅炉按燃料供给方式可以分为手动燃烧蒸汽锅炉和全自动链条燃烧蒸汽锅炉；按照构造可以分为立式蒸汽锅炉、卧式蒸汽锅炉。小型蒸汽锅炉多为单、双回程的立式结构，大型蒸汽锅炉多为三回程的卧式结构。

1）立式双回程结构。立式燃油燃气蒸汽锅炉采用燃烧机下置方式，二回程结构，燃料燃烧充分，锅炉运行稳定；烟管内插有扰流片，减缓排烟速度，增加换热量，锅炉热效率高，降低用户使用成本。

2）卧式三回程结构。卧式蒸汽锅炉为锅壳式全湿背顺流三回程烟火管结构，火焰在大燃烧室内微正压燃烧，完全伸展，燃烧热负荷低，燃烧热效率高，有效地降低了排烟温度，节能降耗，使用经济。波形炉胆和螺纹烟管结构，既提高了锅炉的吸热强度，又满足了换热面受热膨胀的需要，科学合理，经既久耐用。

3.6.6 电（蓄）热锅炉

1. 分类

电热锅炉房内的锅炉是电锅炉，电热锅炉不需要燃料，是通过电热转换装置将电能转换为热能向外供热。电热锅炉内的电热转换装置目前有电极板式、电磁感应式和电阻式。在工程上广泛使用的是电阻式，它的工作原理是电流通过电加热器内的电阻丝发热，从而将电能转换成热能，转换效率可接近 100%，电锅炉内有多组电加热器，根据电加热器工作的组数，可调节锅炉的出力。电加热器是一种消耗件，在使用一段时间后，电阻丝会发生断裂，使加热器报废，目前电加热器的使用寿命为 25 年。

电热锅炉按其介质可分为电热蒸汽锅炉和电热热水锅炉。电热热水锅炉按介质温度又可分为 95℃/70℃ 热水锅炉、110℃/7℃ 热水锅炉、130℃/70℃ 热水锅炉、150℃/70℃ 热水锅炉、开水锅炉和生活热水锅炉。

在电热热水锅炉中，按锅炉运行的承压情况又分为常压锅炉和承压锅炉，承压等级一般分为 0.6MPa、1.0MPa、1.25MPa、1.6MPa。

从电热锅炉结构形式上还可以分为卧式和立式，储水式和快热式等。

蓄热技术根据热载体不同，主要分为水蓄热和相变材料蓄热两种，但就技术分析，水作为蓄热载体是最为理想和可行的。

所谓水蓄热就是将水加热到一定的温度，使热能以显热的形式储存在水中，当需要时再将其释放出来提供采暖或直接作为热水供人们使用。一般来说，水的蓄热温度为 40~130℃。根据使用场合不同，对于生活用水，蓄热温度为 40~70℃，可以直接提供使用；对于饮用水，可以蓄至 100℃；对于末端为风机盘管的空调系统，一般蓄热温度为 90~95℃；对于末端为暖气片的采暖系统，蓄热温度为 90~130℃或更高。

用水作蓄热载体有清洁、廉价、比热值高的优点。$1m^3$ 可利用温差 $\Delta t = 50℃$ 的水所蓄存的热量约相当于相同体积石蜡相变材料的潜热蓄热量。$1m^3$ 的水温升 $50℃$，其显热蓄热量为 209.3MJ，$1m^3$ 石蜡的潜热量为 204.3MJ。与水相比，一般相变材料，不清洁、价高，没有足够的优势。

其他蓄热方式还有蓄蒸汽系统（即将蒸汽蓄成过饱和水）及高温油蓄热等。高温高压蓄热装置也相继问世，但这些高温高压装置，除造价因素外，是否适合居民生活区和商业领域应用存在着争议。

对于蓄热采暖系统，必须重点考虑蓄热装置内冷热水混合、死水区和蓄热效率等问题。蓄热装置的设计是影响成败的关键，多年的研究实践已获得一些解决方法，这些方法不但可以提高效率，而且能降低制造成本。主要形式有迷宫式、隔膜式、多槽式，温度分层式，其中温度分层式是最常规的设计方法。

2. 电蓄热应用场所

蓄热式中央空调在建筑物采暖（或生活热水）所需热量的部分或全部在电网低谷时段制备好，以高温水的形式储存起来供电网非低谷时段采暖（或生活热水）使用。达到移峰填谷，节约电费之目的。

在太阳能蓄热式生活热水系统的实际应用中，根据工程情况安装管路，同时，通常考虑将太阳能集热器与电锅炉、燃气锅炉或其他辅助热源并联或串联连接。

利用电来加热水的蓄热电锅炉（热水机组）或电热蒸汽锅炉（蒸汽发生器），适用于大城市、风景区的宾馆、科研院所、医院、学校、机关等各种需要热水和蒸汽的场所。如宾馆、办公楼、住宅楼生活用水及采暖；餐馆、理发店、洗劫衣店洗涤用热水；浴室、体育场馆用热水；医院、疗养院等用于蒸饭、蒸馏水、消毒、熨烫、采暖所需的蒸汽；工矿企业工艺用热水。

3. 电热锅炉房的设备组成

电热锅炉房的设备主要有两大类：一类为供配电设备；一类为锅炉房工艺系统设备。供配电设备一般由供电专业选配，工艺系统设备随锅炉房工艺系统情况进行配置。

蒸汽系统电热锅炉房与其他蒸汽锅炉房没有区别，这里就不叙述了，下面就电热锅炉房热水系统进行介绍。

（1）常压电热热水锅炉房常用工艺系统

如图 3-9 所示，这种电热锅炉房工艺系统一般情况有直供运行、蓄能运行和蓄能池运行三种运行状态。在直供运行状态时，2#、5#、6#电磁阀关闭，其他电磁阀打开。供暖回水通过集水器（5）进入泄压水箱（7），然后再进入锅炉1

被加热，水温达到要求后，经过电磁阀4#，进入供暖循环水泵（3）被加压，加压后的热水通过分水器（4）被送往供暖用户。

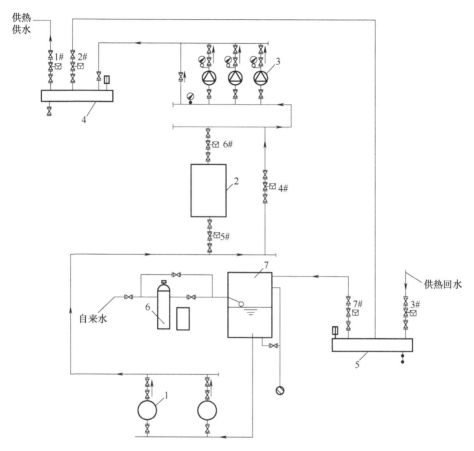

图3-9　常压电热热水锅炉房常用工艺系统

1—电加热热水锅炉　2—蓄能池　3—供暖循环水泵　4—分水器

5—集水器　6—软水器　7—泄压水箱

在蓄能运行状态时，1#、3#、4#电磁阀关闭，其他电磁阀打开。低温热水从集水器（5）经泄压水箱（7）进入锅炉（1）被加热，加热后经电磁阀5#进入蓄能池（2），与蓄能池中的低温水混合，混合后的热水经供暖循环水泵（3）加压后进入分水器（4），经过电磁阀2#又回到集水器（5），在锅炉房内形成一闭式循环，蓄能池中的水被不断地加热从而达到蓄能的目的。

在蓄能池运行状态时，锅炉不加热，而是靠蓄能池中的热量向供暖用户供热。此时，2#、4#电磁阀关闭，其他电磁阀打开。供暖回水回到集水器（5）后，经过泄压水箱（7）、锅炉（1）进入蓄能池（2），而蓄能池（2）中的热水经供暖循环水泵（3）加压后，通过分水器（4）被送往供暖用户。

在实际的电热锅炉房运行过程中，上述三种运行状态也可根据需要进行混合运行，设几种运行状态的原因是供电网中的电负荷在一天 24h 内是不同的，一般供电部门为了平衡电网负荷提高电网效率，鼓励夜间用电（电负荷谷段）消减电负荷峰值，即所谓的"移峰填谷"。在电价方面实行谷价、平价、峰价。

（2）承压电热热水锅炉房常用工艺系统

如图 3-10 所示，与常压电热热水锅炉房运行状态相同，承压电热热水锅炉房工艺系统运行状态也有直供运行、蓄能运行和蓄能罐运行 3 种运行状态。

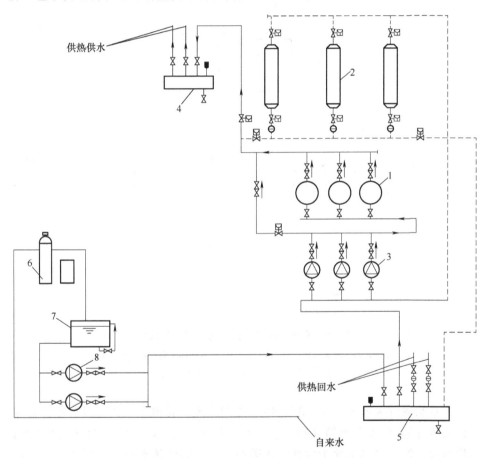

图 3-10　承压电热热水锅炉房常用工艺系统

1—电加热热水锅炉　2—蓄能罐　3—供暖循环水泵　4—分水器
5—集水器　6—软水器　7—软水箱　8—补水泵

在直供运行状态时，2#、3#、4#电磁阀关闭，1#电磁阀打开。回到集水器（5）的供暖回水经供暖循环水泵（3）加压后，进入电加热热水锅炉（1）

被加热。水温达到要求后，经电磁阀、分水器（4）被送往热用户。

在蓄能运行状态，1#、3#、4#电磁阀关闭，2#电磁阀打开，热水在锅炉房内形成内部循环，从蓄能罐（2）出来的低温水经供暖循环水泵（3）加压后，进入电加热热水锅炉（1）被加热。水温升高后，经电磁阀进入蓄能罐（2），如此往复循环，直至蓄能罐中的水温达到要求为此。

在蓄能罐供热运行状态时，1#、3#、4#电磁阀打开，2#电磁阀关闭。回到集水器（5）的供暖循环水泵（3）进入蓄能罐（2）中，与罐中的热水混合，从蓄能罐中出来的热水被供暖循环水泵（3）加压后，经分水器（4）、电加热热水锅炉（1）的旁通管电磁阀和分水器被送往热用户。

电热热水锅炉房工艺系统与其他热水锅炉房工艺系统的区别，主要有以下3个方面：

1）工艺系统有几种运行状态。

2）设有蓄能的电锅炉房在电负荷低时（一般为夜间）进行蓄能，在用电高峰时利用蓄能进行供热，在平价电时根据情况进行蓄能供热或直接供热。

3）需要几种运行状态相互切换的切换阀门。

（3）蓄能装置

在国内外有许多有关蓄能装置的介绍，但目前工程上使用最多、最可靠也最原始的方法，就是前述系统中的蓄水池和蓄能罐，在热负荷较大的电锅炉房中，为了多蓄能、少投资、运行安全，常将蓄水池与建筑的消防水池统一考虑。对热负荷较小的电锅炉房一般采用蓄热罐，蓄热罐为钢制压力罐。为了使冷热水混合情况符合要求，应在蓄水池或蓄热罐内设导流装置。

3.6.7　燃气炉

气体燃料是一种优质的清洁燃料，具有可以管道输送、使用性好、便于调节、易实现自动化和智能化控制等优点。随着城市建设的发展，西气东输工程的实施和环保要求的提高，燃气锅炉的应用日益增加。因此，对气体燃料的燃烧、使用和管理的基本知识应有所了解和掌握。

1. 气体燃料的燃烧

燃气炉启动时，要求能够迅速又可靠地点燃着火，燃烧工况一旦建立则要求在炉膛空间里火焰仍保持稳定燃烧。可以说气体燃料的燃烧过程均由着火和定燃烧这两个阶段组成。

气体燃料的着火方法有两类：一类是将燃气和空气混合物预先加热，达到某一温度时便着火，称热自燃；另一类是用电火花、灼热物体等高温热源靠近可燃混合气而着火、燃烧，称为点燃或点火。事实上，这两种起因不同的着火现象有时是无法互相分割的。

气体燃料在民用和工业燃烧装置中燃烧时，形成不同结构和形状的火焰，各自满足不同的需要。一般来说，这些不同的火焰是由于气体燃料与空气的混合方式的多样化而成的。据此，气体燃料的燃烧可分为三类，即散式燃烧、部分预混式燃烧和完全预混式燃烧。

2. 扩散式燃烧

气体燃料没有预先与空气混合，燃烧所需的空气依靠扩散作用从周围空气中获得的燃烧方法称为扩散式燃烧，燃烧的速度和燃烧完全程度主要取决于燃气与空气分子之间的扩散速度和混合的完全程度。

当燃气出口速度小气流处于层流状态时，分子扩散缓慢，其速度远低于燃烧的化学反应，呈现其火焰长而火焰厚度很小，燃烧速度取决于空气的扩散速度。当燃气流量逐渐增加时，火焰中心的气流速度也随之增大，直至气体状态由层流转为紊流，此时火焰本身开始扰动，提高了扩散速度和燃烧速度，火焰长度缩短。

扩散式燃烧的特点是燃烧稳定，热负荷调节范围大，不会回火，脱火极限也高。其次它的过量空气量大，燃烧速度不高，火焰温度低。对燃烧碳氢化合物含量高的燃气，在高温下因火焰面内氧气供应不足，各种碳氢化合物热稳定性差，分解温度低而析出炭黑粒子，会造成气体不完全燃烧损失。再则，层流扩散的燃烧强度低，火焰长，需要较大的燃烧室，也即增大了炉膛的体积。

3. 部分预混式燃烧

燃气与燃烧所需的一部分空气预先混合而进行的燃烧，称为部分预混式燃烧，也称大气式燃烧。根据燃气与空气混合物出口速度不同，可形成部分预混层流火焰和部分预混紊流火焰。

部分预混层流火焰结构，由内焰、外焰及其外围不可见的高温区组成。首先，一次空气中的氧与燃气中的可燃成分在内焰反应，称为还原火焰或预混火焰。处于外焰的是一氧化碳、氢及其中间产物与周围空气发生氧化反应，称为氧化火焰或扩散火焰。如果二次空气和温度等其他条件满足要求，则在此区域完成燃烧并生成二氧化碳和水蒸气。

部分预混紊流火焰结构与层流火焰相比其长度明显缩短，而且顶部较圆，可见火焰厚度增加，火焰总表面积也相应增大。当紊流程度很大时，焰面将强烈扰动，气体各个质点飞离焰面，最后完全燃尽。这时，焰面变为由许多燃烧中心组成的一个燃烧层，其厚度取决于在该气流速度下，质点燃尽所需的时间。

部分预混式燃烧的特点是，由于燃烧前预混了部分空气，克服了扩散式燃烧的某些缺点，提高了燃烧速度，降低了不完全燃烧损失。

4. 完全预混式燃烧

燃气与燃烧所需的全部空气预先进行混合，瞬时完成燃烧过程的燃烧方式，称为完全预混式燃烧。因它的火焰很短，甚至看不见，所以又称无焰燃烧。

为保证完全预混式燃烧的完好进行，首先是燃气与空气在着火前应预先按化学当量比混合均匀，其次是要有稳定可靠的点火源。通常，点火源是炽热的炉膛内壁、专门设置的火道、高温烟气形成的旋涡区或其他稳焰设施。

专门设置的火道对完全预混式燃烧过程的影响至关重要，它不仅能够提高燃烧的稳定性，增加燃烧强度，而且可以促成迅速燃尽。一般来说，燃气和空气混合物进入灼热发红的火道，瞬时即着火燃烧。随着气流的扩大，在转角处会形成旋区，高温烟气在此转环流动。如此灼热的火道和高温的循环旋转烟气又成为继续燃烧的高温点热源。此刻只见火红灼热的火道壁，几乎不见火焰。假若火道足够长，火焰将充满火道的整个断面。燃烧稳定显而易见，如果火道面温度不高，火道就失去了点燃可燃混合物的能力，所以燃气炉的燃烧室要有良好的保温措施。实践表明完全预混式燃烧的火焰传播速度快，火道的容积热负很高。

原来在燃烧器喷口之外的火焰缩回到燃烧器内部燃烧的现象，称为回火，是火焰传播速度高于混合气体流速的结果。为了防止回火现象发生，必须保证燃烧器中的流速不能过低，而且其出口截面上的气流速度分布还要尽量均匀，有时也采取在燃烧器管口上加装水冷却套的措施来局部降低气流的温度，从而达到降低火焰传播速度，避免回火的目的。反之，如果预混可燃气体在燃烧器出口处流速过高，就容易发生火焰被吹熄的燃烧不稳定（脱火）现象，这也是需要注意和防止的。

第 **4** 章

制　　冷

4.1　概述

工程技术上的人工制冷实质上是利用一定的装置（制冷装置），消耗一定的能源，强制地使某一对象的温度低于周边环境介质的温度，并维持这个低温过程。利用外界能量使热量从温度较低的物质（或环境）转移到温度较高的物质（或环境）的系统叫制冷系统。制冷系统是实现空气调节功能中加热或者降温的主要系统。常见的制冷系统可分为蒸汽制冷系统、空气制冷系统和热电制冷系统。

4.2　制冷原理

制冷的方法很多，大致可分为物理方法和化学方法两类。而绝大多数的制冷方法属于物理方法。在普通制冷技术领域，应用广泛的物理方法有相变制冷、气体膨胀制冷；其次是热电制冷，固体吸附制冷，以及研究中的气体涡流制冷。

1. 相变制冷

相变制冷是利用某些物质，在低温下的蒸发过程及固体在低温下的熔化或升华过程向被冷却物体吸收热量——即制冷量。因为物质在发生相变过程中当物质分子重新排列和分子运动速度改变时，就必须要吸收或放出能量，即相变潜热。在现代制冷技术中，主要是利用制冷剂液体在低压下的汽化过程来制取冷量，像蒸汽压缩式制冷、吸收式制冷、蒸汽喷射式制冷都属于相变制冷的范畴。利用液体汽化相变制冷的能力大小和制冷剂的汽化潜热有很大关系，而汽化潜热直接受制冷剂性质的影响，即：①制冷剂的分子量越小，其汽化潜热的热量越大；②任何一种制冷剂的汽化潜热随汽化压力的提高而减少，当达到临界状态时，其汽化潜热为零。所以，从制冷机的临界范围到凝固温度是液体汽化相变制冷循环的极限工作温度范围。

固体的融化和升华也可以使物体的空间冷却，像干冰、水冰、溶液冰等。单纯利用干冰、水冰、融液冰，一般能满足短时间的降温要求，这只是一个简单的冷却过程，而不能成为制冷。因为制冷过程是通过制冷循环使热量不断地从低温热源传到高温热源的连续过程，这一过程必须依靠制冷机来实现。

2. 气体膨胀制冷

气体膨胀制冷是基于压缩气体的绝热节流效应或压缩气体的绝热膨胀效应，从而获得低温气流来制取冷量的制冷技术，常用的有空气制冷循环等。气体膨胀制冷根据使用的设备不同表现出气体膨胀时的不同特性。通过节流装置来实现的称之为气体绝热节流效应，在制冷中使用的是绝热节流的冷效应。通过膨胀机实现的称之为气体等熵膨胀效应，气体等熵膨胀效应总是冷效应。事实证明，膨胀效应所能达到的低温及制冷能力都比绝热节流效应有效，并且等熵膨胀过程中可回收膨胀功，循环效率高。绝热节流不采用结构复杂的膨胀机，只采用结构简单、便于调节的节流装置，因而膨胀节流也有明显的优越性。在实际工程中，气体绝热节流效应和等熵膨胀效应都应用于制冷技术中。选择哪一种，将依靠体工程的实际情况而定。

3. 热电制冷

热电制冷，也称温差电效应制冷，即利用珀尔帖效应的原理来达到制冷的目的的一种制冷技术。珀尔帖效应是有两种不同金属组成的闭合回路，当直流电流通过这个环路时，就会出现这个环路的一个节点吸热，另一个节点放热的效应。由于半导体材料内部的结构特点，决定了它的温差电现象要比金属显著得多，所以目前热电制冷多采用某些特种半导体材料作为热电堆，故称为半导体制冷。半导体制冷具有体积小、无噪音、无摩擦、运行可靠、冷却速度快、易控制等优点，但半导体制冷的工作效率低，故它的使用受一定的限制。目前半导体制冷器只用于一些特殊的场合，在这些情况下只要达到温度或冷却量要求即可，不太考虑其工作效率。

4. 固体吸附制冷

某些固体物质（例如沸石），在一定的温度及压力下能够吸附某种工质的气体或水蒸汽，在另一温度及压力下，又能将它释放出来，这种吸附与解析的过程将导致工质的压力变化，从而起到"压缩机"的作用。固体吸附制冷就是利用这一工作原理。固体吸附制冷可通过利用太阳能等来实现。

5. 气体涡流制冷

气体涡流制冷是利用作为工质的压缩气体经过涡流管产生的涡流，使气体分离成冷、热两部分，其中冷气流用来获得能量的制冷方法，即兰克-赫尔胥效应。涡流管制冷由涡流喷嘴、涡流室、分离孔板及冷、热两端的管子等组成，具有结构简单，维护调节方便和能达到较低温度的优点。但其效率低、经济性差，现在应用不普遍。

上面简单介绍了五种常用的制冷方法，其他方法也有很多。但这里还需要指出的是另一种逆向循环的应用，及热泵循环。热泵循环是以环境介质作为低温热源，并从中获取热量，将其转移给高于环境温度的加热系统（高温热源）的逆向循环。热泵循环与制冷循环的形式、原理是相同的，并且有时使用的设备工质也很相近，只不过循环工作区间的温度不同及获得能量的目的不同而已。另外，用同一台制冷机同时实现制冷循环和供热循环称为热化循环，或联合机循环，这是一种有效利用能源的方法。从热力学的角度来看，他们三者都属于逆向循环的范畴。

4.3　制冷技术的应用

制冷技术已广泛地被应用于工业生产过程、产品性能试验、建筑工程、空气调节、食品加工、农业生产、生物工程、医疗卫生、文化体育及日常等国民经济和人类生活的各个领域。

1）在食品加工业中，制冷技术是最早被利用的。在食品加工工业中，制冷技术不仅作为加工手段，使食品在低温下获得较高的质量，例如冷饮制品、饮料、酿酒生产等。更普遍的是作为贮藏手段，使食品从生产、运输、销售、消费过程保持在所要求的低温条件下的冷藏链下，就需要采用冷库、冷藏船、冷藏列车、冷藏汽车，冷藏销售柜等一系列的制冷装置。食品加工业中的制冷技术的应用，使食品生产不再受季节性的、地区性的限制，达到保证质量、调剂淡季旺季、保障供应、促进贸易的目的。目前冷藏库和冷藏工具中的应用扩大到保存贵重毛皮、服装、药材、图书绘画文物保护中。

2）空气调节工程中的冷却降温和调湿过程，也是制冷技术应用的一个重要的内容。为了满足提升人们的身心健康和工作效率的要求，在宾馆、会堂剧场、医院、体育馆、机场、候机厅、地下铁道、车间、实验室、办公室、飞机等交通工具，以及家庭居室都利用制冷，来降温调节，达到舒适性空气调节的要求。在生产上，为了满足工艺过程的要求，如冶金、纺织、印刷、精密仪器、电子工业等工厂和精密的计量室、计算机房等，也必须采用制冷技术来达到恒温恒湿的生产性空气调节的要求。

3）在工业生产方面，制冷技术的应用也很广泛。在石油化工、有机合成（橡胶、塑料、化纤、药物、基本化工）等工业中的分离、精炼、结晶、浓缩、液化、控制反应速度等单元操作工段都需要制冷技术。在钢铁生产、机械、工业的冶炼、液压、电子计算机、现代通信雷达等电子设备也要可靠地应用制冷技术。许多航空仪表、航空发动机、高寒地带的车辆、武器、机械产品也需要在人工气候低温模拟环境下进行性能试验。这些实验室都需要依靠制冷技术来达到低温。

4）在建筑工业中，用冻土法挖掘矿井、隧道、建造堤坝、码头和桥梁基础，可提高施工效率，保障施工安全。

5）在农业生产方面，应用制冷技术来进行种子的低温处理和低温保存。

6）在医药卫生方面使用冻结干燥法来生产药物，利用低温来保存血浆、疫苗、菌种、器官和药物，以及低温麻醉、人工冬眠、低温冷冻外科手术等，都是制冷技术的应用实例。

7）在许多尖端科技技术部门中，高速电子计算机、卫星通信、激光技术、获得高真空、红外技术等都需要应用制冷技术。

8）在文化体育事业中像摄影棚中人工雪景布置、人工冰场、滑雪道、人工降雪也需要制冷技术。

制冷技术，包括低温和超低温技术应用非常广泛，并随着国民经济的发展、科学技术的进步和人们生活水平的提高，制冷技术应用将展示出无限广阔的前景。

4.4 冷负荷

冷负荷是指为了维持室内设定的温度，在某一时刻必须由空调系统从房间带走的热量，或者某一时刻需要向房间供应的冷量。

房间得热量是指通过围护结构进入房间的，以及房间内部散发的各种热量。它由两部分组成：①由于太阳辐射进入房间的热量和室内外空气温差经围护结构传入房间的热量；②人体、照明、各种工艺设备和电气设备散入房间的热量。根据性质不同，房间得热量可分为潜热和显热两类，而显热又包括对流热和辐射热两种成分。在计算得热量时，只计算空气调节区（在房间或封闭空间中，保持空气参数在给定范围之内的区域）得到的热量（包括空气调节区自身的得热量和由空气调节区外传入的得热量），处于空气调节区域外的得热量不应计算。空调区的夏季计算得热量，应根据下列各项确定：

1）通过围护结构传入的热量。

2）通过外窗进入的太阳辐射量。

3）人体散热量。

4）照明散热量。

5）设备、器具、管道及其他内部热源的散热量。

6）食品或物料的散热量。

7）渗透空气带入的热量。

8）伴随各种散湿过程产生的潜热量。

围护结构热工特性及得热量的类型决定了得热量和冷负荷的关系。为了预先估计空调工程的设备费用，而时间上又不允许做详细的负荷计算时，可采用冷负荷的简化算法。简化算法分为两种：①把整个建筑物看成一个大空间，进行简约计算；②根据在实际工作中积累的空调负荷概算指标做粗略估算。所谓空调负荷概算指标，是指折算到建筑中每 m^2 空调面积上设备所需提供的负荷值。夏季空调负荷概算指标见表4-1。

表4-1　夏季空调负荷概算指标

场所	制冷负荷/（W/m^2）
民居、招待所、旅馆	95～115
旅游宾馆	104～175
办公大楼	110～140
综合大楼	130～160
医院	140～175
百货大楼	110～140
电影院	260～350
大会堂	190～290
体育馆	280～470

4.5　空调系统

4.5.1　空调系统的构成

一个典型的空调系统应由空调冷热源、空气处理设备、空调风系统、空调水系统及空调自动控制和调节装置五大部分组成。

1. 空调冷源和热源

冷源是为空气处理设备提供冷量以冷却送风空气，常用的空调冷源是各类冷水机组，也有用制冷系统的蒸发器直接冷却空气的。热源则是用来提供加热空气所需的热量，常用的空调热源有热泵型冷热水机组、各类锅炉、电加热器等。

2. 空气处理设备

其作用是将送风空气处理到规定的状态。空气处理设备可以集中于一处，为整栋建筑物服务；也可以分散设置在建筑物各层面。常用的空气处理设备有空气过滤器、空气冷却器、空气加热器、空气加湿器和喷水室等。

3. 空调风系统

它包括送风系统和排风系统。送风系统的作用是将处理过的空气送到空调区，其基本的组成部分是风机、风管系统和室内送风口装置。风机是使空气在管内流动的动力设备。排风系统的作用是将空气从室内排除，并将排风出送到规定地点，可将排风排至室外，也可将部分排风送至空气处理设备与新风混合后作为送风。重复使用的这一部分排风称为回风。排风系统的基本组成是室内排风口装置、风管系统和风机。在小型空调系统中，有时送排风系统合用一个风机。

4. 空调水系统

其作用是将冷媒水（简称冷水）或热媒水（简称热水）从冷热源或热源输送至空气处理设备。空调水系统的基本组成是水泵和水管系统。空调水系统分为冷（热）水系统、冷却水系统和冷凝水系统三大类。

5. 空调的自动控制和调节装置

由于各种因素，空调系统的冷热负荷是多变的，这就要求空调系统的工作状况也要有变化。所以空调系统应装备必要的控制和调节装置，借助其可以（人工或自动）调节送风参数、送排风量、供水量和供水参数等，以维持所要求的室内空气状态。

4.5.2 空调系统的分类

空调系统按照空气处理设备的集中程度分类可以分为集中式空调系统、半集中式空调系统以及分散式空调系统。按照负担室内热湿负荷所用的介质分类可以分为全空气式空调系统、空气-水式空调系统、全水式空调系统以及冷剂式空调系统。按照系统风量调节方式分类可分为定风量空调系统、变风量空调系统。按照系统风管内风速分类可分为低速空调系统以及高速空调系统。按照热量传递（移动）的原理分类可分为对流式空调系统和辐射式空调系统。就全空气系统而言，按照被处理空气的来源分类可分为封闭式空调系统、直流式空调系统以及混合式空调系统。按照空气系统向空气调节区送风管参数的数量分为单风管空调系统和双风管空调系统。以下将更详细地介绍各种空调系统。

1. 集中式空调系统

集中式空调系统是典型的全空气、定风量、低速、单风管系统。集中式空调系统是工程中最常用，也是最基本的系统。它广泛地应用于舒适性或工艺性的各类空调工程中。按照被处理空气的来源不同，主要有混合式和直流式系统，工程上常见的混合式系统有一次回风式系统和二次回风式系统两种类型。在喷水室或空冷器前同新风进行混合的空调房间回风，叫第一次回风，具有第一次回风的空调简称为一次回风式系统；经过喷水室或空冷器处理后的空气进行混合的空气房间回风，叫第二次回风，具有第一次和第二次回风的空调系统称为一次、二次回风系统，简称二次回风系统。

2. 半集中式空调

风机盘管加新风空调系统是空气-水式空调系统中的一种主要形式，也是目前我国多层或高层民用建筑中采用最为普遍的一种空调方式。它以投资少、占用空间小和使用灵活等优点广泛应用于各类建筑中。风机盘管加新风空调系统各空气调节区可单独调节，具有比全空气系统节省空间、比带冷源的分散设置的空气调节器和变风量系统造价低等优点，目前在宾馆、办公室等建筑中大量采用。

3. 分散式空调系统

也称为局部空调机组（包括窗式空调器、分体式空调器和柜式空调器等房间空调器及立柜式空调机、屋顶式空调机和各种商用空调机等单元式空调机）系统或冷剂空调系统。每个空调区的空气处理分别由各自的整体式空调机组承担。

4. 变风量空调系统

变风量（Variable Air Volume，VAV）系统，与定风量空调系统一样，也是全空气系统的一种空调方式，它是通过改变送风量，而不是送风温度来控制和调节某一空调区域的温度，从而与空调区负荷的变化相适应。其工作原理是当空调区负荷发生变化时，系统末端装置自动调节送入房间的送风量，确保室内温度保持在设计范围内，从而使得空气处理机组在低负荷时的送风量下降，空气处理机组的送风机转速也随之降低，达到节能的目的。

5. 空气-水辐射板空调系统

空气-水辐射板空调系统是由辐射板作为末端装置与新风系统相结合的新型半集中式空调系统。

6. 变制冷剂流量多联分体式空调系统

变制冷剂流量多联分体式空调（简称多联机系统），是一台室外空气源制冷或热泵机组配置多台室内机，通过改变制冷剂流量适应各空调区负荷变化的直接膨胀式空气调节系统。它以制冷剂为输送介质，是由制冷压缩机、电子膨胀阀、其他阀件（附件）以及一系列管路形成的环状管网系统。该系统由制冷剂管路连接的室外机和室内机组成，室外机由室外侧换热器、压缩机和其他制冷附件组成；室内机由风机和直接蒸发器等组成。一台室外机通过管路能向若干个室内机输送制冷剂液体，通过控制压缩机的制冷剂循环量和进入室内各个换热器的制冷剂流量，可以适时地满足室内冷热负荷要求。该系统是日本大金工业株式会社首先研制推出的，并将这种空调方式注册为变制冷剂流量（Variable Refrigerant Volume，VRV）多联式空调系统。

7. 热泵空调系统

热泵技术，是基于逆卡诺循环原理建立起来的一种节能、环保制热技术通过自然能（空气蓄热）获取低温热源，经系统高效集热整合后成为高温热源，用来取（供）暖或供应热水，整个系统集热效率甚高。

按热量的来源，把热泵空调系统分为空气源热泵空调系统和水源热泵空调系统两大类。

（1）空气源热泵

空气源热泵机组自20世纪90年代初开始在我国推广使用，它特别适合我国的夏热冬冷地区。上海、浙江、江西、湖南、湖北全境，江苏、安徽、四川大部，陕西、河南南部，贵州东部，福建、广东、广西北部，甘肃南部的部分地区均属夏热冬冷的气候，目前空气源热泵机组的地区应用范围还有继续向北移动的趋势。在这些地区很适宜应用空气源热泵机组，解决建筑物集中空调冷热源的问题。空气源热泵机组由于具有节能、环保、冷热联供、无需冷却水系统和供热锅炉等优点，在我国将发挥越来越重要的作用。

所谓空气源热泵，就是利用室外空气的能量，从低位热源到高位热源转移的制冷、制热装置，通常就是以冷凝器放出的热量来供热的制冷系统或用作供热的制冷机组称为空气源热泵。

1）空气源热泵机组的分类。空气源热泵机组按其供冷（热）的方式分类，可分为：①冷（热）水机组；②制冷剂直接膨胀式空调机组。按其采用的压缩机类型分类，可分为：①往复式制冷压缩机组；②螺杆式制冷压缩机组；③涡旋式制冷压缩机组。按其结构形式分类，可分为：①整体式；②组合式；③模块式热泵机组。

2）空气源热泵机组的特点如下：①安装在室外，如屋顶、阳台等处，不占有效建筑面积，节省土建投资；②夏季供冷、冬季供热，省去了锅炉房，对城市建设有利；③省去了冷却水系统和冷却塔、冷却水泵管网及其水处理设备，节省了这部分投资和运行费用；④机组的安全保护和自动控制同时装于一个机体内，运行可靠，管理方便；⑤夏季运行性能系数，即实际制冷系数值比水冷机组低，耗电较多，但冬季运行节能；⑥造价较水冷机组高；⑦空气源热泵冷热水机组常年暴露在室外，运行条件比水冷机组差，其使用寿命也相应要比水冷式冷水机组短；⑧空气源热泵机组的噪声较大，对环境及相邻房间有一定的影响；⑨空气源热泵机组的性能随室外气候变化明显，制冷量随室外气温升高而降低，制热量随室外气温降低而减少；⑩空气源热泵机组是通过室外空气作为冷却介质（供冷时）与热源（供热时），由于其比热容小以及室外蒸发器的传热温差小，故所需风量较大，机组的体积也较大。

（2）水源热泵

所谓水源热泵，是一种采用循环流动于共用管路中的水，从水井、湖泊或河流中抽取的水或在地下盘管中循环流动的水为冷（热）源，制取冷（热）风或冷（热）水的设备；包括一个使用侧换热设备、压缩机、热源侧换热设备，具有单制冷或制冷和制热功能。

根据《空气源塔水源热泵机组》（JB/T 14066—2022）规定，水源热泵机组按使用侧换热设备的形式分为：冷热风型水源热泵机组和冷热水型水源热泵机组；按冷热源类型分为：水环热泵机组、地下水式水源热泵机组（地下水地源热泵系统和地表水地源热系统）和地下环路式水源热泵机组（地埋管地源热系统）。

1）水环热泵空调系统

水环热泵空调系统是指水-空气热泵的一种应用方式，即通过水环路将众多的水空气热泵机组并联成一个以回收建筑物余热为主要特征的空气调节系统。该系统于20世纪60年代首先在美国加利福尼亚州出现，故也称为加利福尼亚系统。国内从20世纪90年代开始，在一些工程中采用。

水环热泵系统是利用水源热泵机组进行供冷和供热的系统形式之一，系统按负荷特性在各房间或区域分散布置水源热泵机组，根据房间各自的需要，控制机组制冷或制热，将房间余热传向水侧换热器（冷凝器）或从水侧吸收热量（蒸发器）；双管封闭式循环水系统将水侧换热器连接成并联环路，以辅助加热和排热设备供给系统热量的不足和排除多余热量。《公共建筑节能设计标准》（GB 50189—2015）5.3.11 规定：对有较大内区且常年有稳定大量余热的办公、商业等建筑，宜采用水环热泵空气调节系统。

水环热泵空调系统由四部分组成：室内水源热泵机组（水-空气热泵机组）、水循环环路、辅助设备（冷却塔、加热设备、蓄热装置等）、新风与排风系统。水环热泵空调顾名思义有两个特点：首先，它是一个热泵型空调机组，因此能够实现一机多能，夏季供冷，冬季供热；其次，其直接的冷、热源是水，而不是像常见的空气源热泵系统机组那样从空气中得到冷、热量。水环热泵中的"水环"含义是：构成一个循环水系统。

水环热泵空调系统的优缺点见表 4-2 和表 4-3。

表 4-2　水环热泵空调系统的优点

序号	特点	描述
1	节能	①通过系统中水的循环及热泵机组的工作，可以实现建筑物内热量的转移，达到了最大限度地减少外界供给能量；②水冷式热泵机组能效比高；③可以应用各种低品位能源作为辅助热源，如地热水、工业废水、太阳能等；④不使用的房间可以方便地关机；⑤部分负荷下仅开启冷却塔、辅助热源、循环泵等少数设备即可维持系统运行，当只有极少数用户短时间运行时，仅靠循环水的蓄热（冷）量，即可维持系统正常运行；⑥分户计量，易于使用户养成主动节约能源的习惯；⑦系统增加蓄水箱，可以利用夜间低谷电力，进一步节约运行费用，同时减少辅助热源的装机容量
2	舒适	水环热泵机组独立运行，用户可根据自己的需要任意设定房间温度，达到四管制风机盘管空调系统的效果
3	可靠	①水环热泵机组分散运行，1 台机组发生故障，不影响其他用户正常使用；②机组自带控制装置，自动运行，简单可靠
4	灵活	①可先安装水环热泵的主管和支管，热泵机组则可在装修时按用户实际需要来配置；②不需建造主机房；③容易满足用户房间二次分隔要求
5	节省投资	①免去了集中的制冷、空调机房，降低了锅炉或加热设备的容量；②管内水温适中，不会产生冷凝水或散失大量热量，水管不必保温；③所需风管小，可降低楼层高度；④不需复杂的楼宇自控系统
6	设计简单	①全水系统设计，一般为定流量；②风系统小而独立；③分区容易；④控制系统简单
7	施工容易	①管道数量少，并不需保温；②无大型设备；③调试工作量小
8	管理方便	①操作人员数量少，技术要求低；②计费方便

表 4-3　水环热泵空调系统的缺点

序号	特点	描述
1	噪声较大	水环热泵机组自带压缩机、风机，通常直接安装于室内，噪声较大
2	新风处理困难	水环热泵机组对进风温度有要求，夏季处理新风时负荷太大，除湿能力不足；冬季新风温度过低，可能造成机组停机
3	过渡季节无法利用室外新风"免费供冷"	—
4	水质要求高	—

2）地下水式水源热泵空调系统

地下水式水源热泵机组是一种使用从水井、湖泊或河流中抽取的水为冷（热）源的机组。地下水式水源热泵按水源类别分为地下水型、地表水型、海水型。按热泵转换方式分类分为内转换式和外转换式。还可以分为冷凝热回收型、冷凝热不回收型。按照制热供水温度可分为高温机组和标准机组。按照压缩机形式分为涡旋式机组、活塞式机组、螺杆式机组和离心式机组。

地下水式水源热泵机组的基本组成有：压缩机、冷凝器、蒸发器、毛细管或膨胀阀和四通换向阀等。

地下水式水源热泵机组的工作原理为：制冷时，水源水进入机组冷凝器，吸热升温后排除；空调冷水进入机组蒸发器，放热降温后供到空调末端设备。制热时，水源水进入机组蒸发器，放热降温后排除；空调热水进入机组冷凝器，吸热升温后供到空调末端设备。

地下水式水源热泵的特点见表 4-4。

表 4-4　地下水式水源热泵的特点

	特点	说明
优点	节能	地下水式水源热泵能效比高，可以充分利用地下水、地表水、海水、城市污水等低品位能源
	环保	地下水式水源热泵不向空气排放热量，缓解城市热岛效应且无污染物排放
	多功能	制冷、制热、制取生活热水
	运行费用低	地下水式水源热泵耗电量低，运行费用可大大降低
	投资适中	在水源水容易获取、取水构筑物投资不大的情况下，地下水式水源热泵空调系统的初投资比较适中

（续）

	特点	说明
缺点	水质处理复杂	水源水质差别较大，致使水质处理比较复杂
	取水构筑物繁琐	地下水打井、地表水取水构筑物施工比较繁琐
	地下水回灌较难	地下水回灌要针对不同的地质情况，采用相应的保证回灌措施

3）地下环路式水源热泵空调系统

地下环路式水源热泵机组是使用在地下盘管中循环流动的水为冷（热）源的机组（又称为埋管式地源热泵）。

地源热泵空调系统主要包括 3 个回路：用户回路、制冷剂回路和地下热交换回路。根据需要也可以增加第 4 个回路——生活热水回路。

地下环路式水源热泵空调系统可工作在制冷工况和制热工况。在制冷工况，空调区冷负荷连同压缩机的功所转换的热被排入大地。一般很少采用将热泵机组冷凝器直接埋入大地的做法，而是通过一种中间的介质（例如水）的循环，达到热量转移的目的。

地下埋管换热器与冷凝器之间通过管道连接成一个封闭的回路，在水泵作用下，水在回路中往复循环，在冷凝器中吸收制冷剂的热量，通过室外埋管换热器传入大地。在供热工况下，转换阀换向，冷凝器将成为热泵机组的蒸发器，循环水流经埋管换热器时吸收大地的热量，在蒸发器中释放给制冷剂。在室内测，同样既可以通过水的循环进行热量传递，也可以使用制冷剂直接流经房间换热器与空气进行热交换。

地下环路式水源热泵空调系统与其他空调系统的主要差别在于增加了埋管换热器。这种换热器与工程中通常遇到的换热器不同，它不是两种流体之间的换热，而是埋管中的流体与固体（地层）的换热，这种换热过程很特殊。它是非稳态的，涉及的时间跨度很长，条件也很复杂；以往对传统换热器的研究中没有现成的经验可以借鉴。而埋管换热器的设计是否合理又是决定埋管式地下环路式水源热泵系统运行的可靠性和经济性的关键。同时现场土壤热物性的测试对埋管换热器长期运行工况的模拟分析计算等，也是合理设计埋管换热器时所需要解决的问题。地下环路式水源热泵空调系统的经济性取决于多种因素，不同地区、不同地质条件、不同能源结构及价格等都将直接影响到其经济性。根据国外的经验由于地下环路式水源热泵运行费用低，增加的初投资可在 3~7 年内收回，地下环路式水源热泵空调系统在整个服务周期内的平均费用将低于传统的空调系统。

地下水环路式水源热泵技术是地下蓄能技术与高效能热泵技术的结合。地下岩土的温度场变化有如下两个主要特性：①达到一定深度后温度基本上常年保持一个定值，这个值接近该地区的年平均气温；②在地表以下一定范围内温度呈周期性变化，但波动幅度小于气温的波幅，而且存在时间上的延迟，随着深度的增加波幅减小、延迟度增大。这两点都有利于热泵系统工作能效比的提高。

大地还是一个良好的蓄热体。夏季建筑物通过埋管换热器排入大地的热量被地下岩土所蓄存，在冬季又通过热泵的工作将其取出供给建筑物。同样，冬季从大地中吸热时相当于蓄存了一定的冷量供夏季使用，这样就实现了能量的季节转换。

正是由于地下环路式水源热泵系统采用了大地这一特殊的热源体，与广泛采用的空气源热泵系统相比，它的季节平均性能系数高，尤其在极端气候条件下仍能保持较高的性能系数；不向建筑外大气环境排放废冷或废热，有利于环保；室外换热器埋在地下，不存在冬季除霜的问题；不影响建筑外立面的美观。由于其节能和环保的双重效益，国际上地下蓄能技术和高效热泵同时列入21世纪最有发展前途的50项新技术之一。

8. 蓄冷（热）空调系统

蓄冷（热）空调系统包括蓄冷系统和蓄热系统。其中在冷需求量很小期间，由蓄冷系统将热量从蓄冷介质中转移出来的过程称为蓄冷；蓄热技术是指采用适当的蓄热方式，利用特定装置，将暂时不用或多余的热量通过一定的蓄热材料储藏起来，需要时再将储藏的热量释放出来加以利用的方式。目前蓄冷系统，按蓄存冷量的方式可分为显热蓄冷和潜热蓄冷；按蓄冷机介质分类，可以有水蓄冷、冰蓄冷和共晶盐蓄冷。按蓄热热源划分，蓄热空调系统可分为：电能蓄热空调、太阳能蓄热系统和工业余热或废热蓄热系统；按蓄热介质划分，可分为：水蓄热、变相材料蓄热和蒸汽蓄热；按用热系统划分，蓄热空调系统可分为：蓄热供暖系统、蓄热空调系统和蓄热生活热水系统等。

（1）水蓄冷空调系统

水蓄冷系统是最简单的蓄冷系统，它是在常规空调系统中增设蓄冷水槽（或水池）作为蓄冷设备，以空调用的制冷机作为制冷设备。

常用水蓄冷空调系统有两类：开式流程和开闭式混合流程；开式流程有串联完全混合型贮槽流程和温度分层型贮槽流程两种；开闭式混合流程有供冷回路与用户间接连接的流程，高层建筑分区的开闭式混合流程，闭式制冷回路与开式辅助蓄冷回路结合流程。

水蓄冷空调系统基本上可分为制冷设备、蓄冷水槽和控制仪表三部分。为了提高水蓄冷空调的蓄冷效果和蓄冷能力，满足空调供冷时的冷负荷要求，维持尽可能多的蓄冷温差，并防止蓄存冷水和回水的混合，科技人员设计了多种行之有效的水蓄冷模式，主要有：自然分层水蓄冷系统，蓄冷槽组水蓄冷系统，空槽式水蓄冷系统、隔膜式水蓄冷系统和迷宫式水蓄冷系统等。

该系统可以有四种运行模式，即蓄冷工况、制冷机供冷工况、蓄冷水槽供冷工况以及制冷机与蓄冷水槽同时供冷工况。

水蓄冷空调系统的优点：

①以水作为蓄冷介质，节省蓄冷介质费用和能耗；②技术要求低，维修方便；③可以利用消防水池、原有的蓄水设施或建筑物地下室等作为蓄冷水槽，初投资低；④可以使用常规的制冷机组，设备的选择性和可用性范围广，运行时性能系数高，能耗低；⑤可以在不增加制冷机组容量条件下达到增加功率容量的目的，适用于常规空调系统的扩容和改造；⑥可以实现蓄冷和蓄热双重功能。

水蓄冷空调系统的缺点：①水蓄冷只利用显热，其蓄冷密度低，在同样蓄冷量条件下，需要大量的水，使用时受到空间条件的限制；②蓄冷水槽内不同温度的水容易混合，影响其蓄冷效果；③由于一般使用开启式蓄冷水槽，水和空气接触容易产生菌藻，管路也容易生锈，增加水处理费用。

（2）冰蓄冷空调系统

1）冰蓄冷空调系统的分类：按冷源分类：①冷媒（盐水等）循环式；②制冷剂直接膨胀式。按制冰形态分类：①静态型，在换热器上结冰与融冰，最常用的为浸水盘管式外制冰内融方式；②动态型，将生成的冰连续或间断地剥离，最常用的是在若干平行板内通以冷媒，在板面上喷水并使其结冰，待冰层达到适当厚度，再加热板面，使冰片剥离，提高了蒸发温度和制冷机性能系数。

按冷水输送方式分类：①二次侧冷水输送方式为冰蓄冷槽与二次侧热媒相通；②一次与二次侧相通的盐水输送方式。

按装置组成分类：①现场安装型，适用于大型建筑物；②机组型，将制冷机与冰蓄冷槽等组合成机组，由工厂生产，适用于中小型建筑物。

按制冰换热器分类：①螺旋管式；②蛇管式；③壳管式；④板式；⑤热管式。

2）冰蓄冷空调系统的组成和形式

冰蓄冷空调的原理是利用夜间低谷电力制冰，白天化冰制冷，实现电网"削峰填谷"，且利用峰谷电价差节省电费。系统是由制冷设备、蓄冰装置和控制设备所组成的。

常用的冰蓄冷空调系统形式，一般有三种：①制冷机位于贮槽上游的串联系统；②制冷机位于贮槽下游的串联系统；③制冷机和贮槽并联连接系统。

冰蓄冷系统形式应根据建筑物的负荷特点、规律和冰蓄冷装置的特性等确定。一般来说，串联系统中多采用"制冷机上游"的方式，此时，制冷机的进水温度较高，有利于制冷机的高效与节电运行；"制冷机下游"的方式，冰蓄冷贮槽可以按照较高的释冷温度来确定容量，冰蓄冷贮槽的体积要小，制冷机的出水温度低，制冷机的效率相应较低，但制冷机与冰蓄冷贮槽的费用较"制冷机上游"要低。并联系统则是最常见的系统，系统操作运行简单方便。

3）冰蓄冷空调系统的特点

与水蓄冷空调系统相比，冰蓄冷空调系统的优点有：①冰蓄冷的蓄冷密度大，故冰蓄冷贮槽小；②冷损耗小（约为蓄冷量的 $1\% \sim 3\%$）；③冰蓄冷贮槽的供水温度稳定，接近 $0℃$，可采用低温送风系统，从而带来空调运行费用的降低。

缺点：对制冷机有专门的要求，当制冰时，因蒸发温度的降低会带来压缩机制冷系数值降低；设备与管路系统复杂。封装冰系统因贮槽的阻力低、流量增大、阻力增幅小，故适于短时间内需要大量释冷的建筑物，如体育馆，影剧院等。

9. 低温送风空调系统

低温送风空调系统是送风温度低于常规数值的全空气空调系统。低温送风空调系统是相对于常规空调送风系统而言的，常规空调送风系统的设计温度为 $14 \sim 18℃$，而低温送风空调系统一般设计温度为 $4 \sim 12℃$。

（1）低温送风空调系统的分类

以低于常规空调系统送风的空调通称为低温送风系统，低温送风系统按其送风温度的高低，一般可分为三类：

1）一类低温送风的送风温度范围为 $4 \sim 6℃$，此类低温送风由于需要特殊的风口，初投资与年运行费用节省不多，一般不推荐使用。

2）二类低温送风的送风温度范围为 $6 \sim 8℃$，标准送风温度为 $7℃$，此类低温送风可以和冰蓄冷技术密切结合在一起，能够获得较好的空调效果及经济效益，因此是最优的选择，得到广泛的使用。

3）三类低温送风的送风温度为 $9 \sim 12℃$，标准送风温度为 $10℃$，此类送风可与冰蓄冷结合，也可与常规空调结合，较为灵活，但取得经济效益较小，因此也较少采用。

（2）低温送风空调系统的构成

低温送风系统主要由冷却盘管、风机、风管及末端空气扩散设备等组成，分别如下：

1) 冷却盘管。正确的选择冷却盘管是实现低温送风系统的重要环节。由于低温送风系统的设计参数与常规空调不同，所以冷却盘管的选择也不同于常规的空调送风系统，这种不同主要体现在以下 4 个方面：

① 冷却盘管要求有更多的盘管数。常规空调系统的盘管数一般采用 4~6 排，翅片间距一般在 2.1~3.1mm，低温送风系统的盘管数一般采用 8~12 排，翅片间距一般在 1.8~2.1mm 之间

② 采用更细的铜管和具有管内扰动强化传热措施的铜管。采用更多更密的盘管是为了使流经盘管的空气温度降得更低，更接近于进入盘管的冷水温度。但增加盘管排数，势必会使空气侧的阻力增加；同时采用更密的翅片必然会使空气带水的可能性增加。所以采用细一些的铜管可以改善以上两方面性能，同时使铜管的造价更低，但这会以增加水侧的阻力为代价。

③ 迎风速低。常规空调系统盘管的迎面风速一般为 2.3~2.8m/s，而低温送风系则采用 1.5~2.3m/s 的风速，采用较低的迎面风速可使空气在盘管内的换热更完全，同时也可减少凝结水被吹出盘管的可能性。

④ 盘管一般采用标准回路和分回路布置，不建议采用多回路布置。

2) 风机。在低温送风系统中，关于风机应从以下三方面来考虑：

① 风机的选择。低温送风系统常与变风量系统结合使用于空调系统中。随着空调区负荷发生变化，送入房间的风量也随之变化，空调系统的阻力也会不断变化，这样风机的工作点就会跟着移动。在低温送风系统中，由于风量常常变化，因此会引起管路阻力很大的变化，造成风机较大地偏离设计最佳工作点。因此变风量低温送风空调系统中，在选择风机时，应特别注意选择风机特性曲线平缓的风机，并在有条件的情况下选择可变频调速的风机。

② 风机的设置位置。风机的设置位置是指风机在空调机组内与冷却盘管的相对位置。冷却盘管位于风机的吸风侧称之为吸入式（亦称抽吸式）；冷却盘管位于风机的出风侧称之为压出式（亦称吹压式）。在吸入式状态下，由于风机布置于冷却盘管下风侧，因而空气流经盘管时，气流较均匀；但空气流经风机时，风机的发热量会传给空气引起温升，当风机的风压较大时，会引起更大的温升。这样必然会增大原额定送风量，送风量增大会引起风管的尺寸以及风机风量的重新设定，因此吸入式系统不推荐使用在低温、高湿的空调系统中。风机工作在高湿的环境下，应采取外置电机保护风机；为防止积水，应特别注意水封的设置。

而在压出式状态下，风机引起的空气温升在经过冷却盘管时，可首先被盘

管冷却，因而送风温度不会发生变化；这样也不会引起送风量的增加。但压出式的风机布置形式会带来一系列的问题，比如会引起送风空气中带水；气流流经盘管时分布不均匀，从而会使盘管性能下降等。此外压出式机组的送风空气由于是饱和空气，所以当送风温度发生波动时，会引起空气在空调机组的金属部位二次凝结。如送风温度在10℃时，空调机组的金属部位亦被冷却到10℃，当送风温度波动到12℃时，饱和空气中的水就会被凝结出来。长此以往，就会损坏设备并引起微生物在空调机组内滋生。为防止此类事情的发生，保证风机气流充分扩散时的必要条件就要求风机与冷却盘管之间应有35倍风机直径的距离或设置气流整流栅。但这会使空调机组的造价增大，同时也加大了空调机组的尺寸，在建筑空间紧张的时候，加大空调机组尺寸的方案有时是行不通的。所以采用吸入式风机的布置形式在低温送风系统中会有更大的优势。

③ 风机温升。风机的电机发热量会随着送风空气带进空调系统中，一般会引起空气升温 $1\sim2$℃，这是一项较大的冷负荷，故应在冷却盘管的供冷负荷中考虑进去。

3）风管

由于低温送风空调系统具有大温差、小流量的特点，因此与常规空调系统相比，低温送风空调系统中的风管也具有不同的特点：

① 风管尺寸。低温送风系统由于采用了更大的送风温差，因而大大地减少了送风量，从而减少了送风管道的断面尺寸，使得空气输送能耗大幅度地减少。同时减少了制作风管的金属材料消耗，也可保证风管加工质量。如对于送风量为 2000m³/h、送风温差8℃的常规空调系统，当送风速度为8m/s时，其风管断面积为 0.69m²。当采用送风温差为16℃的低温送风空调系统时，其送风量为1000m³/h，其风管断面积为常规空调的1/2。系统风量及风管断面积与系统送风温差成反比关系。由于低温送风系统降低了风管尺寸，因此对于原先需采用矩形风管的地方，可以采用圆形和扁圆形风管代矩形风管，圆形和扁圆形风管具有较好的强度与刚度，并且比矩形风管容易加工、密封性好、声学控制特性好。因此是最经济和最有效的风管，推荐使用于低温送风系统中。

② 风管温升。低温送风系统尽管使风管断面积尺寸减小，但由于送风温差加大，送风量减小，因此并没有使风管的温升相对于常规空调系统减少。相反如果低温送风系统风管保温做得不够好，会使风管温升远大于常规空调系统。空调系统中，根据风管长度不同，风管温升一般会在 $1.6\sim2.7$℃之间变化。由于风管温升导致系统冷负荷增加，因此在冷负荷计算中应予以考虑。

因此在低温送风系统中，在满足噪声控制条件下，应尽量采用高风速来减少这部分无用的热损耗。此外由于低温送风系统常与变风量技术结合使用，在部分负荷的情况下，送风量减小，使得送风温升上升 3~6℃。但这部分温升有助于抵消因送风量的减少，散流器扩散速度降低而引起的散流器性能下降。

③ 送风保温。管道保温是空调系统良好运行的至关重要的环节，空调系统的管道保温主要从以下 4 个方面考虑：

a. 首先保温层厚度要求足以防止结露。因为一旦结露，冷损失会急剧增加，管道温升也会显著增高，保冷、节能皆无法保证。防结露的关键是保温层表面温度始终要高于露点温度。

b. 选用适当的保温层厚度，以控制管道内介质的每百米温升在设计要求范围内。

c. 根据设计条件确定经济厚度。经济厚度的概念是选定某种保温材料后在该材料投资的年分摊费用与保温后的年散热损失费用之间求得总费用（两者之和）最低的保温层厚度。不同保温材料有着不同的经济厚度。经济厚度可由《公共建筑节能设计标准》（GB 50189—2015）确定。

d. 对于冷热两用或供热管路的保温，要按允许最大散热损失校核静态热损失量。

对于低温送风系统来说，不仅要选择热导率小的保温材料，以减少保温层厚度，更重要的是解决好隔汽、防潮问题。

4）末端空气扩散设备

气流组织直接影响室内空调效果，是关系着房间温湿度基数、温湿度允许波动范围、区域温差、工作区的气流速度及清洁程度和人们舒适感觉的重要因素。合理地组织室内空气流动，是室内空气的温度、相对湿度、流速等能更好地满足工艺要求和符合人们的舒适感觉，关键是正确地选择空调系统的末端扩设备。由于冷热空气扩散不均匀或者由于空气流速过高等原因都会影响生产和造成人们对热舒适的抱怨。而对于大温差性质的低温送风空调系统来说，做好空气的扩散尤为重要。

目前低温送风系统送风方式主要分为两类：第一类，采用诱导箱、混合箱等形式，将低温的一次送风与室内空气在箱内混合，再由常规的送风口送入室内；第二类，采用直接送入的方式将低温风由送风口送入室内。在第一类送风方式中，主要有三种形式，即带风机的串联式混合箱、带风机的并联式混合箱及无风机诱导型混合箱。第二类送风方式中可采用低温送风专用送风口或常规送风口。

（3）低温送风系统的特点

低温送风具有送风温度低、送风温差大的特点，因此相对于常规空调系统具有以下优点（见表 4-5）。

表 4-5　低温送风系统的优点

项目	内容	效果	原因
系统设备投资	空气处理设备	减少/减小	送风温差增大，送风量减少；水温降低，冷却能力提高，同样风量下，输送冷量能力提高，服务区域扩大
	风管尺寸	减小	送风温差增大，送风量减少，风管尺寸减小
	循环水泵	减少/减小	供、回水温差增大，循环水量减少
	水管管径	减小	供、回水温差增大，循环水量减少，水管管径减小
建筑投资费用	建筑层高	降低	风管、水管和空气处理设备尺寸减小，风管甚至可以穿梁布置。建筑高度不变情况下，可增加建筑层数
	占用建筑面积	减少	风管、水管、水泵及空气处理设备的尺寸均减小
室内环境	室内空气相对湿度	降低	送风温度低，室内空气相对湿度可低达 40%
	室内环境舒适度	提高	室内空气相对湿度低，感觉空气新鲜。低温送风口空气分布性能指数高于 95%
	室内设计干球温度	提高	在不影响舒适性的条件下，室内设计干球温度可提高 1℃，节省能量
运行费用	风机和水泵的电耗	减少	风量和水量同时减少，输送能耗比常温送风空调系统的输送能耗可降低 30%～40%
已有建筑改建	保护建筑加设空调	合适	风管、水管尺寸小，对建筑影响小
	提高供冷能力	合适	利用常温送风空调系统，风管、水管可提高系统供冷能力，解决老建筑供冷能力不够问题

对于一项新的工程项目，是采用常温送风空调系统，还是采用低温送风空调系统，需要对该建筑功能要求、冷源供应等各类因素进行全面的技术、经济论证后才能确定。表 4-6 列出了一些适合和不适合采用低温送风空调系统的条件供参考。

表 4-6　低温送风系统的条件

适合采用低温送风系统的条件	不适合采用低温送风系统的条件
1）有 ≤4℃ 的低温水可供利用 2）要求显著降低建筑高度，降低投资 3）要求降低空调区内空气相对湿度至 40% 以下 4）冷负荷超过已有空调设备及管网供冷能力的改造工程	1）没有 ≤4℃ 的低温水可供利用 2）空调区内空气相对湿度要求保持高于 40% 3）要求保持较高循环风量（换气次数） 4）全年中有较长时间，可以利用室外空气进行节能运行

10. 净化空调系统

净化空调系统是在一般空调的基础上发展充实而形成的，与一般空调系统基本一致，但又有特殊性。为了使净化房间保持所需要的空气温度、相对湿度、气体流速、压力和洁净度等参数，最常用的方法是通过向室内不断输送一定量经过处理的洁净空气，以消除洁净室内的各种热、湿扰量及污染物质。而送入洁净室内具有一定状态空气的获取则需要通过一整套设备对空气进行处理，并不断地送入室内和从室内排出，以实现温度、湿度调和空气净化的目的。

4.6 空调水系统

4.6.1 概述

现代的高层建筑通常由塔楼、裙房、地下室和屋顶机房等组成。在高层旅馆、办公楼建筑中，常见的空调方式是对于裙房的公用部分，例如商店、餐厅和宴会厅、会议厅、多功能厅及娱乐中心等，大多采用集中式全空气系统；而对于塔楼部分，目前采用最多的是空气-水式系统，即风机盘管加新风系统。所以，空调水系统，特别是高层建筑的空调水系统，不仅要向裙房部分的组合式空气处理机组供应冷媒水（简称冷水）或热媒水（简称热水），而且还要向塔楼部分的空调末端设备——风机盘管机组和新风机组提供冷水和热水，其水系统比较复杂。

空调水系统的作用，就是以水作为介质在空调建筑物之间和建筑物内部传递冷量或热量。正确合理地设计空调水系统是整个空调系统正常运行的重要保证，同时也能有效地节省电能消耗。

就空调工程的整体而言，空调水系统包括冷热水系统、冷却水系统和冷凝水系统。

冷热水系统是指由冷水机组（或换热器）制备出的冷水（或热水）的供水，由冷水（或热水）循环泵，通过供水管路输送至空调末端设备，释放出冷量（或热量）后的冷水（或热水）的回水，经回水管路返回冷水机组（或换热器）。对于高层建筑，该系统通常为闭式循环环路，除循环泵外，还设有膨胀水箱、分水器和集水器、自动排气阀、除污器和水过滤器、水量调节阀及控制仪表等。对于冷水水质要求较高的冷水机组，还应设软化水制备装置、补水水箱和补水泵等。冷却水系统是指利用冷却塔向冷水机组的冷凝器供给循环冷却水的系统。冷凝水系统是指空调末端装置在夏季工况时用来排出冷凝水的管路系统。

空调冷却水系统是指利用冷却塔向冷水机组的冷凝器供给循环冷却水的系统。该系统是由冷却塔、冷却水箱（池）、冷却水泵和冷水机组冷凝器等设备及其连接管路组成。

目前工程上常见的冷却塔有逆流式、横流式、喷射式和蒸发式等4种类型。

冷却塔宜采用相同的型号，其台数宜与冷水机组的台数相同，不设置备用冷却塔。即"一塔对一机器"的方式。在多台冷水机组并联运行的系统里，冷却塔和冷却水泵宜与冷水机组一一对应，即"一机对一塔和一泵"。

4.6.2 空调冷热水系统的形式

空调冷热水系统，可按以下方式进行分类：①按循环方式，可分为开式循环系统和闭式循环系统；②按供、回水制式（管数），可分为两管制水系统、四管制水系统和分区两管制水系统；③按供、回水管路的布置方式，可分为同程式系统和异程式系统；④按运行调节的方法，可分为定流量系统和变流量系统；⑤按系统中循环泵的配置方式，可分为一次泵系统和二次泵系统。

1. 开式循环系统和闭式循环系统

开式循环系统的下部设有回水箱（或蓄冷水池），它的末端管路是与大气相通的。空调冷水流经末端设备（例如风机盘管机组等）释放出冷量后，回水靠重力作用集中进入回水箱或蓄冷水池，再由循环泵将回水打入冷水机组的蒸发器，经重新冷却后的冷水被输送至整个系统。例如，采用蓄冷水池方案，或者空气处理机组采用喷水室处理空气的，其水系统是开式的。开式循环系统的特点是：①水泵扬程高（除克服环路阻力外，还要提供几何提升高度和末端资用压头），输送耗电量大；②循环水易受污染，水中总含氧量高，管路和设备易受腐蚀；③管路容易引起水锤现象；④该系统与蓄冷水池连接比较简单（当然蓄冷水池本身存在无效耗冷量）。

闭式循环系统的冷水在系统内进行密闭循环，不与大气接触，仅在系统的最高点设膨胀水箱（其功用是接纳水体积的膨胀，对系统进行定压和补水）。

闭式循环系统的特点是：①水泵扬程低，仅需克服环路阻力，与建筑物总高度无关，故输送耗电量小；②循环水不易受污染，管路腐蚀程度轻；③不用设回水池，制冷机房占地面积减小，但需设膨胀水箱；④系统本身几乎不具备蓄冷能力，若与蓄冷水池连接，则系统比较复杂。

2. 两管制和四管制水系统

（1）两管制系统

两管制水系统是指仅有一套供水管路和一套回水管路的水系统，供水管路夏季供冷水，冬季供热水；而回水管路是夏季和冬季合用的，在机房内进行夏季供冷或冬季供热的工况切换，过渡季节不使用。这种系统构造简单、布置方便、占用建筑面积及空间小，节省初投资。运行时冷、热水的水量相差较大。缺点是该系统内不能实现同时供冷和供热。

（2）四管制系统

随着经济的发展和社会的进步，现代建筑日益呈现出一些不同于以前的特点：①建筑面积不断加大，进深越来越深，导致内外区空调负荷不同的矛盾日益突出，冬季在外区供热的同时内区却存在大量的余热；②随着计算机和信息产业的迅猛发展，建筑内部出现了越来越多的大型计算机房，对空调系统提出了全年供冷的要求；③建筑标准越来越高，功能越来越全。一方面对舒适度的要求不断提高，另一方面为满足各种不同功能的区域对温、湿度的要求，空调系统被更多地要求同时提供冷量和热量。现代建筑的上述特点，使得两管制空调水系统的局限性显露出来。这也是在标准很高的新建筑里采用四管制日渐增多的主要原因。

四管制系统是指冷水和热水的供回水管路全部分开设置的水系统。就末端设备而言，有单一盘管和冷、热盘管分开的两种形式。冷水和热水可同时独立送至各个末端设备。

四管制系统的优点是：①各末端设备可随时自由选择供热或供冷的运行模式，相互没有干扰，所服务的空调区域均能独立控制温度等参数；②节省能量，系统中所有能耗均可按末端的要求提供，不像三管制系统那样存在冷、热抵消的问题。

四管制系统的缺点是：①投资较大（投资的增加主要是由于各一套水管环路而带来的管道及附件、保温材料、末端设备、占用面积及空间等所增加的投资），运行管理也相对复杂；②由于管路较多，系统设计变得较为复杂，管道占用空间较大。由于这些缺点，使该系统的使用受到一些限制。

（3）同程式系统和异程式系统

同程式系统是指水流通过各末端设备时的路程都相同（或基本相等）。同程式系统各末端环路的水流阻力较为接近，有利于水力平衡，因此系统的水力稳定性好，流量分配均匀。但这种系统管路布置较复杂，管路长，初投资相对较大。

一般来说，当末端设备支环路的阻力较小，而负荷侧干管环路较长、且阻力所占的比例较大时，应采用同程式。

在异程式系统中，水流经每个末端设备的路程是不相同的。采用这种系统的主要优点是管路配置简单，管路长度短、初投资低。由于各环路的管路总长度不相等，故各环路的阻力不平衡，从而导致了流量分配不均的可能性。在支管上安装流量调节装置，增大并联支管的阻力，可使流量分配不均匀的程度得以改善。

一般来说，当管路系统较小，支管环路上末端设备的阻力大，其阻力占负荷侧干管环路阻力的 2/3～4/5 时，可采用异程式系统。例如，在高层民用建筑中，裙房内由空调机组组成的环路通常采用异程式系统。另外，如果末端设备都设有自动控制水量的阀门，也可采用异程式系统。

开式水系统中，由于回水最终进入水箱，达到相同的大气压力，故不需要采用同程式布置。如果遇到管路的阻力先天就难以平衡，或者为了简化系统的管路布置，决定安装平衡阀来进行环路水力平衡的，就可采用异程式。

3. 定流量与变流量系统

整个冷水循环环路可分为冷源侧环路和负荷侧环路两部分。冷源侧环路是指从集水器（回水集管）经过冷水机组至分水器（供水集管），再由分水器经旁通管路（定流量系统可不设旁通管）进入集水器，该环路负责冷水的制备。负荷侧环路是指从分水器经空调末端设备（冷水在那里释放冷量）返回集水器这段管路，该环路负责冷水的输送。

冷源侧应保持定流量运行，其理由有：①保证冷水机组蒸发器的传热效率；②避免蒸发器因缺水而冻裂；③保持冷水机组工作稳定。因此，空调水系统是按定流量还是按变流量运行均指负荷侧环路而言。

（1）定流量系统

所谓定流量系统是指系统中循环水量保持不变，当空调负荷变化时，通过改变供、回水的温差来适应。

定流量系统简单、操作方便，不需要复杂的自控设备，但是输水量是按照最大空调冷负荷来确定的，因此循环泵的输送能耗处于最大值，特别是空调系统处于部分负荷时运行费用大于原先的设定值。

该系统一般适用于间歇性使用建筑（例如体育馆、展览馆、影剧院、大会议厅等）的空调系统，以及空调面积小，只有一台冷水机组和一台循环水泵的系统。高层民用建筑尽可能少采用这种系统。

（2）变流量系统

所谓变流量系统是指系统中供、回水温差保持不变，当空调负荷变化时，通过改变供水量来适应。变流量系统管路内流量随系统负荷变化而变化，因此输送能耗也随着负荷的减少而降低，水泵容量及电耗也相应减少。系统的最大输水量是按照综合最大冷负荷计算的，循环泵和管路的初投资降低。

设置 2 台或 2 台以上冷水机组和循环泵的空气调节水系统，应能适应负荷变化改变系统流量。也就是说，负荷侧环路应按照变流量运行，为此该系统必须设置相应的自控设施。变流量系统适用于大面积的高层建筑空调全年运行的系统。

4. 一次泵系统与二次泵系统

在冷源测和负荷侧合用一组循环泵的称为一次泵（或称单式泵）系统；在冷源测和负荷侧分别配置循环泵的称为二次泵（或称复式泵）系统。

4.6.3 空调冷热源的选择

冷热源作为空调系统中最重要的设备之一，在工程设计方案阶段就应进入需要考虑的范畴之列。冷热源的选择依据不仅包括系统自身的要求，而且还涉及工程所在地区的能源结构、价格、政策导向、环境保护、城市规划、建筑物用途、规模、冷热负荷、初投资、运行费用以及消防、安全和维护管理等许多问题。因此，这是一个技术、经济的综合比较过程，必须按安全性、可靠性、经济性、先进性、适用性的原则进行综合技术经济比较来确定。在进行冷热源选择论证时，应遵循以下基本原则。

1）热源应优先采用城市、区域供热或工厂余热。高度集中的热源能效高，便于管理，也有利于环保，为国家能源政策所鼓励。

2）热源设备的选用应按照国家能源政策并符合环保、消防、安全技术规定，大中城市宜选用燃气、燃油锅炉，乡镇可选用燃煤锅炉。原则上尽量不选用电热锅炉。

3）若当地供电紧张，有热电站供热或有足够的冬季供暖锅炉，特别是有废热、余热可利用时，应优先选用溴化锂吸收式冷水机组作为冷源。

4）当地供电紧张，且有燃气供应，尤其是在实行分季计价而价格比较低廉的地区，可选用燃气锅炉、直燃型溴化锂吸收式冷（热）水机组作为冷、热源。直燃型溴化锂吸收式冷（热）水机组能调节燃气的季节负荷，均衡电力负荷峰谷，改善环境质量。

直燃型溴化锂吸收式冷（热）水机组与溴化锂吸收式冷水机组相比，具有热效率高、燃料消耗少、安全性好，可直接供冷和供热，初投资、运行费和占地面积少等优点，因此在同等条件下特别是夏季有廉价天然气可利用时，应优先选用直燃型溴化锂吸收式冷（热）水机组。

5）若当地无上述的区域供热或工厂余热，也没有燃气供应时，可采用燃煤、燃油锅炉供热，电动压缩式制冷机组供冷，或选用燃油型直燃式溴化锂吸收式制冷机作为冷热源。

6）若当地供电不紧张时，空调冷源应优先选用电力驱动的制冷机。因为从性能系数比较来考虑，电力驱动的制冷机性能系数高于吸收式制冷机。按性能系数的高低来选择电力驱动的制冷设备的顺序为：离心式→螺杆式→活塞式→吸收式。

7）根据建筑物全年空调负荷分布规律和制冷机部分负荷下的调节特性系数，合理选择制冷机的机型、台数和调节方式，提高制冷系统在部分负荷下的运行效率，以降低全年总能耗。一般说来，大型空调系统，当单机空调制冷量大于 1163kW 时，宜选用离心式制冷机组；中型空调系统制冷量介于 582 ~ 1163kW 时，宜选用螺杆式或离心式制冷机组；小型空调系统，制冷量小于 582kW 时，宜选用活塞式制冷机组，活塞式制冷机组尽量选用多机头型。

8）选用风冷型制冷机组还是水冷型制冷机组需因地制宜，因工程而异。一般大型工程宜选用水冷机组，小型工程或缺水地区宜选用风冷机组。

9）冷水机组一般选用 2~4 台，中小型的工程选用 2 台，较大型的选用 3 台，大型的选用 4 台。机组之间考虑互为备用和轮换使用的可能性。从便于维护管理的角度考虑，宜首先选用同类型、同规格的机组；从节能角度考虑，可选用不同类型、不同容量机组搭配方案。

10）具备多种能源的大型建筑，可采用复合能源供冷、供热。当影响能源价格因素较多、很难确定利用某种能源最经济时，配置不同能源的机组通常是最稳妥的方案。

11）夏热冬冷地区、干旱缺水地区的中小型建筑，可采用空气源热泵或地下埋管式地源热泵冷（热）水机组供冷、供热。空气源热泵不需设置室内机房，安装方便，管理维护简单，它的供冷（热）量较适应该地区建筑物的冷、热负荷比例，故广泛应用于一般舒适性空调系统。

由于空气源热泵机组的性能系数较水冷型热泵机组低很多，单台机组的容量不大，台数过多时难以布置在屋面上，此外，它难以满足冬季同时供冷、供热的需要，故不宜应用在大型建筑中。沙地源热泵系统需要有可靠的土壤结构、热工特性等设计资料来支持，我国目前已开始研究并投入工程应用。

12）当有天然水等资源可利用时，可采用水源热泵冷（热）水机组供冷、供热。水源热泵是利用地下水、江、河、湖水或工业余热为热源，它需要稳定、清洁、温度合适的水源。选用水源热泵作为冷热源时，应注意水源的利用和回水排放均需得到主管部门的核准，以保护环境。

水环热泵系统是利用水源热泵机组的一种形式，尤其适用于长时间需要同时供冷、供热的建筑物。当系统水温高出上限值时它利用冷却塔排热；当系统水温低于下限值时，需要由辅助加热设备向系统补充热量；当系统中供冷机组的排热量等于供热机组的需热量时，系统达到最佳节能状态。水环热泵系统的优点是：机组分散布置，可减小空间需求，设计施工简便，机组能耗可单独计量。缺点是：机组数量多，对维修、降低噪声要求高，过渡季节无法利用全新风达到节能的目的。此外，由于水环热泵的压缩机一般为涡旋型，其性能系数比较低。

13）在峰谷电价差较大的地区，利用低谷电价时段蓄冷（热）有显著经济效益时，可采用蓄冷（热）系统供冷（热）。采用蓄冷（热）系统的条件一般是：①建筑物的逐时负荷峰谷差悬殊，采用常规空调会使冷热源容量过大，系统又经常处于部分负荷下运行；②空调负荷高峰与电网高峰时段重合，且电网低谷时段空调负荷较小；③有避峰限电要求或必须设置应急冷热源的场所。

关于电蓄热系统，宜谨慎采用：首先要求电力供应充沛，供电政策和价格优惠；其次是供热负荷相对供冷负荷较小，或采用其他能源受到限制，或夜间可利用低谷电价，可选择利用谷电蓄热的电热锅炉。

14）积极发展集中供热、区域供冷，供热站和热、电、冷联产技术。

集中供冷、供热站的优点是能充分利用各建筑物负荷的参差特性，减小冷热源设备的容量，管理集中、方便，能提高能源的利用率。

热、电、冷联产系统的最大优点是一次能源的利用率达 80% 左右，为其他系统所不及。但它初投资较大，系统设计较复杂，要求有切实的冷、热负荷分析，电、冷、热量之间的平衡分析，尤其是电力利用的可能程度分析等。根据以往的经验，系统运行的经济性比技术复杂性更为重要。

在大型的商业或公共建筑群，有条件时宜采用热、电、冷联产系统或集中供冷、供热站。

15）保护大气臭氧层，避免产生温室效应，积极采用 HFC 以及 HCFC 类替代制冷剂。

4.6.4 冷（热）水机组的主要性能比较

空调工程中常用的冷（热）水机组的机型有：

1）活塞式冷水机组。

2）螺杆式冷水机组。

3）离心式冷水机组。

4）蒸汽型溴化锂双效吸收式冷水机组。

5）直燃型溴化锂双效吸收式冷（热）水机组。

6）热泵式冷（热）水机组。

熟悉这些机组的基本性能、特点，才能灵活地应用于各种工程设计，达到经济、合理、节能的目的，满足舒适与工艺的要求。机组的应用性能主要包括：制冷量范围、性能系数、调节特点等。

1. 活塞式冷水机组

以活塞式压缩机为主机的冷水机组称为活塞式冷水机组。机组大多采用 70，100，125 系列制冷压缩机与冷凝器、蒸发器、热力膨胀阀等组装而成，并配有自动能量调节和自动安全保护装置。

活塞式冷水机组是一种最早应用于空调工程中的机型，单机组最大制冷量约为 1160kW。为了扩大冷量选择范围，一台冷水机组可以选用一台压缩机，也可以选用多台压缩机组装在一起，分别称为单机头或多机头冷水机组，如图 4-1 所示。目前国内最大的多机头冷水机组配置有 8 台压缩机，机组制冷量约 900kW。

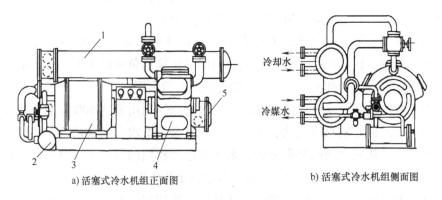

a) 活塞式冷水机组正面图　　　　　b) 活塞式冷水机组侧面图

图 4-1　活塞式冷水机组外形

1—冷凝器　2—气液热交换器　3—电动机　4—压缩机　5—蒸发器

活塞式冷水机组按选配的压缩机形式，可分为开启式、半封闭式和全封闭式。开启式活塞冷水机组配用开启式压缩机、制冷剂用氟利昂，机组制冷量范围为 50~1200kW；活塞式和全封闭活塞式冷水机组，分别选用半封闭和全封闭活塞式压缩机，制冷剂一般使用氟利昂，冷水机组的制冷量范围分别是 50~700kW 和 10~100kW。

活塞式冷水机组按冷凝器的冷却介质不同，可分为水冷型和风冷型两种。风冷型冷水机组可安装于室外地面或屋顶上，为空调用户提供所需要的冷水，特别适合于干旱地区以及淡水资源匮乏的场合使用。

2. 螺杆式冷水机组

以各种形式的螺杆压缩机为主机的冷水机组，称为螺杆式冷水机组。它是由螺杆式制冷压缩机、冷凝器、蒸发器、热力膨胀阀、油分离器以及自控元件和仪表等组成的组装式制冷装置，如图 4-2 所示。按照冷却方式，可分为水冷式冷水机组和风冷式冷水机组；按照用途，可分为热泵式机组和单冷式机组；按照组装的压缩机台数，可分为单机头和多机头冷水机组。

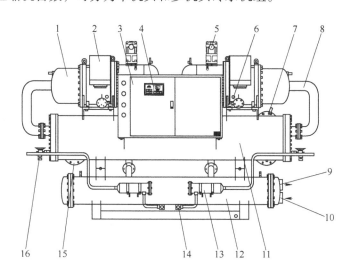

图 4-2 螺杆式冷水机组外形

1—螺杆压缩机　2—电机接线盒　3—电控柜　4—控制屏　5—排气截止阀　6—镜油　7—冷冻水出口
8—低压回气管　9—冷却水出口　10—冷却水进口　11—蒸发器　12—冷凝器　13—干燥过滤器
14—角网　15—冷冻水入口　16—膨胀阀

目前，螺杆式冷水机组在我国制冷空调领域内得到越来越广泛的应用，其典型制冷量范围为 700~1000kW。

3. 离心式冷水机组（见图 4-3）

以离心式制冷压缩机为主机的冷水机组，称为离心式冷水机组。它是由离心式制冷压缩机、冷凝器、蒸发器、节流机构、能量调节机构以及各种控制元件组成的整体机组。

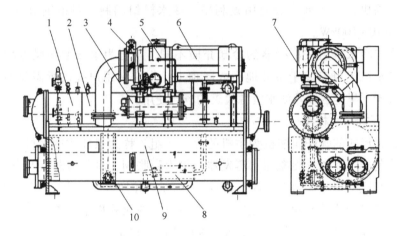

图 4-3 离心式冷水机组外形

1—微机控制柜 2—冷凝器 3—油箱 4—导叶执行机构 5—离心压缩机 6—主电机
7—旋风分离器 8—冷媒提纯装置 9—蒸发器 10—冷媒泵

空调用离心式冷水机组配用的离心式制冷压缩机叶轮的级数一般为一级和两级。近年来一些生产厂家为了进一步降低机组能耗和噪声，避免喘振，采用了三级叶轮压缩。由于离心式压缩机的结构及工作特性，它的输气量一般希望不小于 $2500m^3/h$，单机容量通常在 580kW 以上，目前世界上最大的离心式冷水机组的制冷量可达 35000kW。由于离心式冷水机组的工况范围比较窄，所以在单级离心式压缩机中，冷凝压力不宜过高，蒸发压力不宜过低。其冷凝温度一般控制在 40℃ 左右，冷却水进水温度一般要求不超过 2℃；蒸发温度一般控制在 0~10℃ 之间，一般多用 0~5℃，冷水出口温度一般为 5~7℃。

离心式冷水机组按选配的压缩机形式，可分为半封闭式和开启式两种。半封闭式机组将压缩机、增速齿轮箱和电动机用一个桶形外壳封装在一起，电动机由节流后的液体制冷剂冷却，需要消耗制冷量。这种机组的优点是体积小、噪声低、密封性好，是目前普遍采用的机型。开启式机组配用开启式压缩机，电动机与制冷剂完全分离，电动机直接由空气冷却，不需要液体制冷剂冷却，能耗较低，节约制冷量。

4. 溴化锂吸收式冷（热）水机组

吸收式制冷与蒸汽压缩式制冷一样，都是利用液体在汽化时要吸收热量这一物理特性来实现制冷的，不同的是蒸汽压缩式制冷是以消耗机械能作为补偿，而吸收式制冷是消耗热能作为补偿，完成热量从低温热源转移到高温热源这一过程，溴化锂吸收式冷水机组外形如图 4-4 所示。

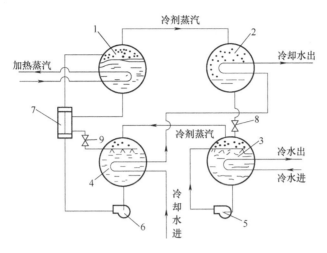

图 4-4　溴化锂吸收式冷水机组外形

1—发生器　2—冷凝器　3—蒸发器　4—吸收器　5—冷凝泵　6—溶液泵

7—热交换器　8—节流阀　9—减压阀

溴化锂吸收式冷（热）水机组是空调领域内使用较多的机型之一，它可分为蒸汽型冷水机组、热水型冷水机组、直燃型冷（热）水机组，其中蒸汽型与直燃型应用的更为广泛。

蒸汽型溴化锂吸收式制冷机以蒸汽的潜热为驱动热源。根据工作蒸汽的品位高低，蒸汽型溴化锂吸收式冷水机组分为单效和双效两种类型。由于受溶液结晶条件的限制，单效溴化锂吸收式制冷装置的热源温度不能很高，一般采用 0.1MPa（表）的低压蒸汽，其热力系数仅在 0.65~0.75 之间。而蒸汽消耗量则高达约 2.58kg/kW。为了提高热效率，降低冷却水和蒸汽的消耗量，在有较高压力的加热蒸汽可供利用的情况下，通常采用双效溴化锂吸收式制冷装置。

直燃型吸收式冷热水机，以水-溴化锂为工质的直燃型溴化锂吸收式冷热水机组。溴化锂稀溶液被燃料燃烧加热后产生高压水蒸气，并被冷却水冷却成冷凝水，水在低压下蒸发吸热，使冷却水的温度降低；蒸发后的水蒸气再被溴化锂溶液吸收，形成制冷循环。当冬天需要供暖时，由燃料燃烧加热溴化锂稀溶液产生水蒸气，水蒸气凝结时释放热量，加热采暖用热水，形成供热循环。由于溴化锂水溶液需要在发生器中吸收热量，产生水蒸气，因此可以用直接燃烧天然气的方法来提供这部分热量。该机组既可制冷，又可供热。

双效溴化锂吸收式冷水机组是在机组中设有高压与低压两个发生器。在高压发生器中，采用压力较高的蒸汽（一般为 0.25~0.8MPa）来加热，产生的冷剂水蒸气再作为低压发生器的热源。这样，不仅有效地利用了冷剂水蒸气的潜热，同时又减小了冷凝器的热负荷，因此装置的热效率较高，热力系数可达 1.0 以上。

第 **5** 章

热电联产

利用热（冷）电联产技术，可以在发电过程中利用热（冷）电耦合，将一部分回收热通过热网输送到用户，从而大大提高一次能源的使用效率。在综合能源多能互补应用场景中较为常见的是分布式燃气三联供和生物质能开发利用。

热电联产集中供热是改善城市环境和大气质量，提高城市现代化水平的重要措施，具有良好的社会效益、环境效益和经济效益，是国家能源政策重点支持发展的行业。近些年来，经过国家的大力扶持与鼓励、专家学者的宣传与推广，我国热电联产技术已经取得较大提高，逐步缩小与世界发达国家的距离，逐步进入发展阶段，不论是在应用水平上，还是在技术水平、系统设备装备等方面，都取得了突出的效果。

5.1 燃煤热电联产机组

燃煤热电联产系统是一种以供热和发电同时进行的燃煤能源利用系统，现有的燃煤热电联产机组主要是来自原有的热电联产机组设计及纯凝机组的供热改造，目前其供暖形式主要包括抽汽供暖和高背压供暖。其中抽汽供暖系统是通过抽取高参数的蒸汽用于供暖，最终将冷却后的疏水作为除氧器的旁路回到系统。需要指出的是，抽汽供暖方式也包括经过热泵等提高系统效率的热网水加热装置。由于燃煤热电联产系统需要同时供热和发电，在生产过程中，热电负荷调节范围之间存在较强的相互关联。出于灵活供暖考虑，抽汽供暖方式在国内应用更广泛，但其"以热定电"或者"以热限电"的运行模式仍是其不同于纯凝机组的主要特点。图 5-1 所示为燃煤热电联产系统供暖形式示意图。

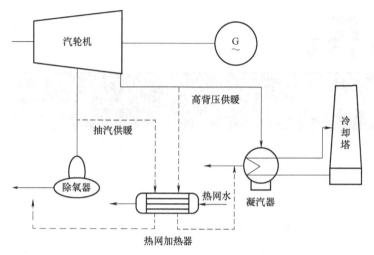

图 5-1　燃煤热电联产系统供暖形式示意图

5.2　分布式燃气三联供

1. 天然气分布式能源的定义及工作原理

天然气分布式能源是指利用天然气为燃料，通过冷热电联供等方式实现能源的梯级利用，综合能源利用效率在 70% 以上，并在负荷中心就近实现能源供应的现代能源供应方式，是天然气高效利用的重要方式。

天然气分布式能源工作原理如图 5-2 所示。

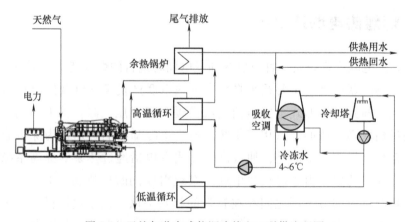

图 5-2　天然气分布式能源冷热电三联供流程图

2. 发展天然气分布式能源的优势

天然气分布式能源给传统的化石能源利用增加了互联网基因，开放共享的能源互联网生态环境，能源综合效率明显改善，清洁能源比重显著提高，化石能源清洁高效利用取得积极进展，大众参与程度及用户体验大幅提升，有力支撑能源革命。主要表现为：

1）有利于推动清洁及可再生能源智能化生产与清洁替代。

2）推动天然气分布式能源，将有利于区域微能网形成完整闭环。

3）加快推进能源消费智能化与低排放社区试点建设。

主要优势：

1）能源转换效率高。大型集中式发电效率为 35%~55%，分布式能源靠近用户、冷热电联供，一次能源利用率达到 70% 以上，能源无远距离输送，损耗小。

2）负荷削峰填谷。可以作为电网调峰电源，天然气用户是冬季多、夏季少，正好与电力负荷相补充。

3）供电安全可靠。分布式能源系统相互独立，不会发生大规模停电事故，受自然灾害的影响较小，发电的安全可靠性较高。

4）为偏远地区供能。不受即时自然条件、输电线路建设的限制，解决偏远农牧区和海岛用能。

5.3 国内外天然气分布式能源发展现状

主要发达国家通过规划引领、技术支持、优惠政策以及建立合理的价格机制和统一的并网标准，有效推动了天然气分布式能源的发展，发电量在各国能源系统中的占比不断提高。其中欧盟国家平均比重已达到 10% 左右、美国约为 4.1%、日本约为 13.4%。

1. 美国发展现状

天然气分布式能源的概念最早起源于美国，起初的目的是通过用户端的发电装置，保障电力安全，利用应急发电机并网供电，以保持电网安全的多元化。经过发展，天然气分布式能源已作为美国政府节能减排的重要抓手，美国能源信息署计划到 2035 年，将天然气热电联产的比重提高到 25% 以上。

2. 日本发展现状

在日本，天然气分布式能源系统也得到了大力推广，已经发展成为一项重要的公益事业。由于缺乏能源资源，日本政府高度重视提高能源的利用效率，日本国家能源贸易和工业部已于 2010 年发布长期能源规划，强调分布式能源和微网系统的发展，规划到 2030 年将分布式能源的发电比重提高到 15% 以上。通过经济产业省、环境省和地方自治团体等，重点针对热电联产系统，对设备投资和燃料费用进行补贴（33%~65%不等）。日本天然气三联供主要应用的见表5-1。

表5-1　日本天然气三联供主要应用的建筑类型

类型	商场	医院	酒店	办公建筑	运动场所	学校	区域供冷供热
规模/MW	264	213	219	193	94	42	81
数量（座）	497	460	440	289	236	77	21

3. 欧洲发展现状

欧洲分布式能源的发展以天然气为主要燃料，与可再生能源发展紧密结合，各国分别出台政策促进分布式能源的发展，如法国对热电联产投资给予15%的政策补贴；英国同样也通过能源效率最佳方案计划来促进分布式能源系统的发展，制定了分布式能源项目申报及质量控制标准，将节能与环保性能综合为一个总体质量指标，只有经过评估高于这个指标的项目才能享受国家优惠政策。

4. 国内天然气分布式能源发展现状

天然气分布式能源是国际上公认的效率最高的能源利用方式之一，系统能效可以达到80%左右，兼具高效低排放、运行灵活、系统安全性好等特点，有利于解决电网调峰和安全问题，并能改善能效和能源结构。但在我国还处于起步阶段，我国开始发展天然气分布式能源仅十余年，装机容量占比不足1%，与世界上一些发达国家相比，来自天然气分布式能源的比例相比很低。

目前我国能源结构现状是，煤炭在全国能源总消费中占比约为57.7%，石油占比约为18.9%，天然气占比约为8.1%，非化石能源占比约为15.3%。按照习近平总书记2020年在气候雄心峰会上《继往开来，开启全球应对气候变化新征程》的重要讲话中指示，到2030年，单位国内生产总值二氧化碳排放将比2005年下降65%以上，非化石能源占一次能源消费比重将达到25%左右，森林蓄积量将比2005年增加60亿 m^3，风电、太阳能发电总装机容量将达到12亿 kW以上。中国将以新发展理念为引领，在推动高质量发展中促进经济社会发展全面绿色转型，脚踏实地落实上述目标，为全球应对气候变化做出更大贡献。

近年来，在政府和企业的大力支持下，我国天然气分布式能源的发展开始起步，在北京、上海、广东、江苏、四川等地发展较快，其中以广州大学城分布式能源站、上海迪士尼能源中心等项目为典型代表。我国未来的转型发展需要能源转型支撑，天然气分布式能源是城市能源系统的重要选择之一。2015年7月国务院印发《关于积极推进"互联网+"行动的指导意见》指出，发展"互联网+"智慧能源，通过互联网促进能源系统扁平化，推进能源生产与消费模式革命。该指导意见特别指出，要加强分布式能源网络建设，实现分布式电源的及时有效接入，逐步建成开放共享的能源网络。2016 年 2 月国家发展改革委、国家能源局及工业和信息化部发布的《关于推进"互联网+"智慧能源发展的指导意见》（发改能源 ［2016］392 号）也提出，"鼓励发展天然气分布式能源，增强供能灵活性、柔性化，实现化石能源高效梯级利用与深度调峰"，多项重点任务均与天然气分布式能源相关。

2021 年 3 月 15 日，习近平主持召开中央财经委员会第九次会议。会议指出，"十四五"是碳达峰的关键期、窗口期，要重点做好以下几项工作。要构建清洁低碳安全高效的能源体系，控制化石能源总量，着力提高利用效能，实施可再生能源替代行动，深化电力体制改革，构建以新能源为主体的新型电力系统。要实施重点行业领域减污、降碳行动，工业领域要推进绿色制造，建筑领域要提升节能标准，交通领域要加快形成绿色低碳运输方式。这次会议明确了能源电力领域发展方向、发展目标和发展路径，意义重大。

5.4　天然气分布式能源开发区域分类与开发模式

5.4.1　天然气分布式能源开发区域分类

综合考虑各地的经济发展状况、政策支持力度、环保要求、用户接受程度等因素，将天然气分布式能源的开发区域分为三个等级。

一类地区：上海、长沙、北京，盈利能力强，积极开发，抢点布局。

二类地区：江苏、广东、浙江、天津，在经济发达城市，选择优质负荷开发。

三类地区：福建、河北、山东、湖南、湖北、山西、陕西、重庆、四川，在气源充足、经济条件好、支持政策明确的城市，谨慎开发。

另外，由于天然气价格是影响项目推动的主要因素，因此以上三个等级的划分只是一个参考，还受供热价格、上网电价、运行小时数等当地的支持政策等多方面的影响。

安徽地区由于目前政策补贴还不明朗，在气价及冷、热、蒸汽价格以及运行小时数保障合适的地区选择性开发。

5.4.2　天然气分布式能源的项目开发模式

1. 美国发展热电联产（Combined Heat and Power，CHP）的经验

据美国能源部最新数据统计，截至 2019 年底，全国热电联产总装机 80.77GW，发电站数量达到 5751 座。其中，以天然气为原料的热电联产装机容

量达到 58.19GW，占热电联产总装机容量的 72.05%（见图 5-3）。

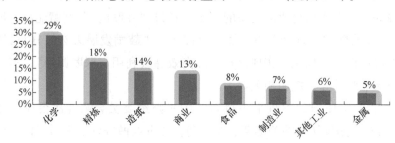

图 5-3　美国热电联产应用结构图

从图 5-3 可以明显发现，经过多年的发展，美国 CHP 的用户结构形成以工业用户为主（占 87%），商业用户为辅（占 13%）的局面。从用能负荷的稳定性方面来考虑，工业用户负荷更为稳定，更能发挥分布式能源的特长，能源使用效率更高。如果是利用余热、余压的分布式能源项目，其用能成本和能源效率将得到进一步的提高。反观商业用户，其能源的使用基本呈现白天多、晚上少的特点，而且有季节性的波动，分布式能源项目的年利用小时数较低，造成机组运行效率不高。

2. 分布式能源项目特点

分布式能源的适用性较为广泛，既可以区域式集中供能，也能为单一用户供能，既适用于工业用户，也能为商业、公共用户提供能源保障，可以满足各种不同类型用户的用电、用热和用冷需求。分布式能源按照系统规模，可以分为区域型和楼宇型两种；按照用户需求，可以分为电力单供、热电联产、冷热电三联产（Combined Cooling, Heating and Power, CCHP）等方式。

区域性分布式能源实现了区域内多个用户的集中供能，不同用户之间的负荷可以进行互补，也能满足不同类型的用能需求，机组基本可实现全年满负荷运行，使用效率高；同时也降低了机组的运行成本，是较为理想的分布式能源利用形式之一。但缺点是，当分布式供能系统不能满足用户的用能需求时，就需要有其他的供能方式进行补充调峰，或者留有备用机组，由此造成机组初始投资可能偏高，也可能面临没有外部电网、热网进行调峰或调峰成本过高的问题。而且，当不同用户有不同的用能标准（要求）时，分布式供能系统也可能难以全部满足。

楼宇型分布式能源多为单一用户，包括工厂、车间等工业设施、写字楼和商业中心等商业设施以及医院、体育馆、学校等公共设施。楼宇型分布式功能系统充分体现了分布式能源运行灵活的特点，环保减排效益明显。但其用能规模有限、用能形式较为固定、峰谷差较大等缺点也非常突出。

工业设施类的楼宇型分布式能源系统相对来说用能需求较大，在不停工的前提下可实现 24 小时的全天候运行，且用能形式变化较小，便于机组的设计选型。如果能利用自身的余热、余压，更能大幅降低系统运行成本，提高综合能源利用效率。但如果该工业设施受宏观经济、行业等的影响较大，分布式能源系统的运行效率则会随产能的波动而波动。

商业类和公共类楼宇型分布式能源系统的发电成本随系统所在的地点不同，其成本和能源利用率也不同，比如五星级酒店的能源利用率要比在普通办公楼高。由于天然气价格较高，其发电成本仍高于火电发电成本。如果电网收购电价定得过低，只能寄希望于国家补贴。

从能源需求的角度分析，热电联产的能效和经济性要高于电力单供，冷热电联产的能效和经济性又要高于热电联产。显而易见，分布式能源系统的供能种类越多，其能效和经济性就越高。

从燃料来源分析，以太阳能、风能等可再生能源为燃料的分布式供能系统，由于燃料来源免费，经济性最为显著，但也有因环境、气候、昼夜等难以克服的条件而导致的供能不稳定的缺陷。天然气分布式能源供能稳定、可持续，但受制于目前国内气价过高、上网电价偏低等因素，如果没有政府的补贴和扶持，很难正常运营。

有鉴于此，建立以天然气分布式能源为核心，太阳能、风能、生物质能、地热能等可再生能源为辅助的分布式综合供能系统，既能保证供能的持续性和稳定性，也能在一定程度上降低系统的燃料成本，是较为理想的分布式能源应用方式。

3. 天然气分布式能源的项目类型（见表 5-2）

表 5-2　天然气分布式能源的项目类型

开发级别	项目类型	燃料来源	供能形式
优先级	区域分布式能源	天然气 可再生能源	冷热电三联供 热电联产
鼓励级	有余热、余压利用的工业类楼宇型分布式能源	天然气 可再生能源 余热余压	
	无余热、余压利用的工业类楼宇型分布式能源	天然气可再生能源	
推荐级	负荷稳定的商业类、公共类楼宇型分布能源	天然气	
限制级	普通商业类、公共类楼宇型分布式能源		

区域型分布式能源项目兼有用能稳定和规模化优势，是优先级的分布式能源项目类型。如能建立天然气和可再生能源综合运用的分布式能源网，其经济性、环保性将更加突出。

结合工业用户和商业用户的用能特点以及美国热电联产项目的开发经验，鼓励开发工业类楼宇型分布式能源项目，如同时有余热、余压利用将更为理想。商业类、公共类楼宇型分布式能源项目以具有优质负荷为前提条件，普通楼宇型分布式能源项目不作为推荐开发项目类型。

总体上讲，各级别分布式能源项目都要优先选择冷热电三联供，使能源利用效率最大化。不具备供冷条件或不需要供冷的，鼓励建设热电联产项目。一般情况下，不建议开发电力单供的分布式能源项目。

适合做分布式能源站的用户包括制造业园区、高新区、技术开发区；城市规划新区或中小城镇；大中型公建项目包括机场、铁路站、交通枢纽等；数据中心或金融后台服务区；综合商业区或商务区；单体或建筑群如医院、酒店、学校、写字楼、机关等；电子、食品、制药等工厂。规模多在 1~20MW，是中国目前天然气分布式燃气三联供的主力，较大冷、热、电负荷，年运行时间长，10 万 m² 以上，冷热供应时间 8~10 个月。

5.5 设备选型和系统配置方案

天然气分布式能源的系统主要由燃机设备和余热利用设备构成，有多种组织形式，在应用中有鲜明的优缺点，推广和规划时应予以充分考虑。

系统的基本组成：燃气冷热电联供系统由燃机设备和余热利用设备构成，其中燃机设备是系统的核心，包括燃气轮机、内燃机等；余热利用设备包括余热锅炉、吸收式制冷机、换热装置、电制冷机、燃气锅炉等。

燃机通过燃烧天然气发电后，产生的高温烟气送入余热利用设备，冬季可用于取暖，夏季可用于供冷，还可生产蒸气和生活热水，驱动热量不足部分可由补燃的燃气进行供应。根据项目的条件，联供系统及其设备配置可作多种形式的变化，如可采用冰蓄冷装置、蓄热装置、热泵等，提高系统的整体能源利用效率。

热电联产总体技术路线如图 5-4 所示。

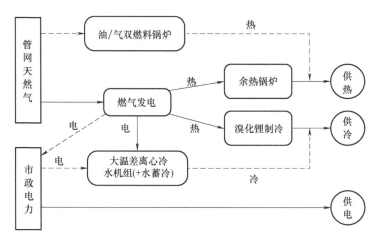

图 5-4 热电联产总体技术路线

1. 发电机组的主要生产厂商（见表 5-3）

表 5-3 发电机组的主要生产厂商

类别	生产厂商	功率范围/kW
国外燃气发动机	日本洋马株式会社	5~350
	西班牙高斯科尔集团公司	304~1204
	美国康明斯公司	995~2000
	奥地利 INNIO 公司	294~4029
	德国（MWM）卡特彼勒公司	400~4300
	三菱重工业有限公司	315~5750
	德国曼集团	8538~17076
	德国（TES）氢气公司	100~2000
	芬兰瓦锡兰公司	4343~18759
	美国瓦克夏公司	220~3234
	美国卡特彼勒公司	125~3860
	德国 MTU 公司	116~2145
国内燃气发动机	广州柴油机厂股份有限公司（中速）	750~1000
	中国石油集团济柴动力总厂	5~580
	河南柴油机重工有限责任公司	160~1100
	胜利油田胜利动力机械集团	24~600

2. 发电机组选型（见表 5-4）

表5-4　发电机组选型

	燃气内燃机	燃气轮机	微燃机
容量/kW	20~5000	1000~500000	30~350
发电效率（%）	22~40	22~36	18~27
综合效率（%）	70~90	50~70	50~70
燃料	天然气	天然气	天然气
启动时间	10s	6min~1h	60s
燃料供应压力	低压	中高压	中压
噪音	高（中）	中	中
NO_x 含量	较高	低	低

3. 设备选用关注点

1）主设备是否具有连续运行能力，可靠性如何。

2）发电效率、余热的品质。

3）考虑实施现场的安装条件、环境条件。

4）机组的维护保养、全寿命周期费用。

5）自动控制要求。

4. 天然气分布式能源系统设备配置方案

1）内燃机发电机组+烟气型机组（典型配置方案见图 5-5）。内燃机发电机组排放的烟气直接驱动烟气型溴化锂制冷机进行制冷（供热）运行，设备配置简单，系统连接紧凑，占地面积小。适用于建筑内分布式能源系统。

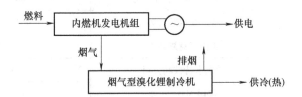

图5-5　内燃机发电机组+烟气型机组配置方案

2）内燃机发电机组+烟气蒸汽型机组（见图 5-6）。内燃机发电机组排放的烟气直接驱动烟气蒸汽型溴化锂制冷机进行制冷（供热）运行，设备配置简单，系统连接紧凑，占地面积小。适用于冷（热）负荷较大，且具有蒸汽热源的分布式能源系统。

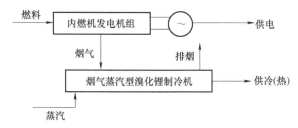

图 5-6　内燃机发电机组+烟气蒸汽型机组配置方案

3）内燃机发电机组+烟气补燃型机组（典型配置方案，见图 5-7）。内燃机发电机组排放的烟气直接驱动烟气补燃型溴化锂制冷机进行制冷（供热）运行，设备配置简单，系统连接紧凑，占地面积小。适用于建筑内分布式能源系统。

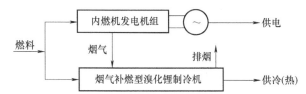

图 5-7　内燃机发电机组+烟气补燃型机组配置方案

4）内燃机发电机组+水-水换热器+烟气热水型机组（典型配置方案，见图 5-8）。系统的设备配置及系统连接较简单，设备占地面积较小，且烟气热水型溴化锂吸收式制冷机一般为单双效复合型机组，COP 比热水型机组高。适用于电负荷较大而空调负荷较小的场所，如工厂等。

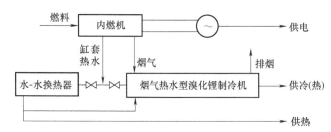

图 5-8　内燃机发电机组+水-水换热器+烟气热水型机组配置方案

5）内燃机发电机组+水-水换热器+烟气热水补燃型机组（常用，见图 5-9）。烟气热水补燃型机组结构及控制系统较为复杂，适用于电负荷和空调负荷比较均衡的场所，如办公楼、酒店、商场等。

6）联合循环发电系统（区域分布式能源系统，见图 5-10）。燃气轮机-蒸汽轮机联合循环发电，发电效率高。热、电、冷联供可提高系统的用热量，从而提高发电机组的负荷率，经济效益高。适用于区域分布式能源系统。

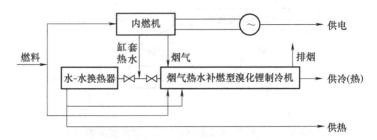

图 5-9　内燃机发电机组+水-水换热器+烟气热水补燃型机组配置方案

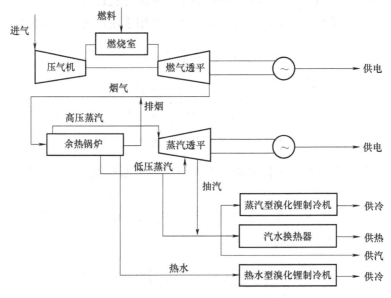

图 5-10　联合循环发电系统配置方案

7）天然气分布式能源项目中，发电机单位容量与投资、占地面积的关系见表 5-5。

表5-5　天然气分布式能源项目发电机单位容量与投资、占地面积的关系

案例名称	负荷性质	发电机装机单位投资/(万元/kW)	发电机装机单位占地面积/(m²/kW)	余热热化系数
北京燃气大厦	办公建筑	2.49	0.53	0.14
华电无锡太博酒店	酒店	2.5	0.707	0.063
华电上海迪士尼	游乐园	2.12	0.743	0.336
华电武汉创意天地	创意产业园	1.5	0.334	0.42

（续）

案例名称	负荷性质	发电机装机单位投资/(万元/kW)	发电机装机单位占地面积/(m²/kW)	余热热化系数
长沙黄花机场	机场	3.09	1.325	0.12
北京航天五院一区	厂房、办公	2.39	0.7	0.11
北京中关村一号	综合建筑群	2.58	0.687	0.17
武汉新城博览中心	酒店、办公、海洋世界	1.49	0.387	0.26
德阳银鑫五洲广场	商业、酒店、办公	1.59	0.321	0.21
德阳西部国际商贸城能源中心一	商业	1.78	0.45	0.17
德阳西部国际商贸城能源中心二	商业	1.9	0.488	0.191
德阳西部国际商贸城能源中心三	商业	1.9	0.488	0.193

燃气内燃机项目发电机单位装机容量投资为 1.5~3.0 万元/kW，单位装机容量占地面积为 0.2~0.75m²/kW，相差较大。

表 5-6 为燃气轮机的单位容量与投资、占地面积的关系：

表 5-6　燃气轮机的单位容量与投资、占地面积的关系

案例分析	负荷性质	单位投资/(元/kW)	占地面积/(m²/kW)
广州大学城分布式能源站	大学及工业企业	4810	0.421
华电南宁华南城分布式能源站	物流城空调冷	7115	0.409
上海莘庄分布式能源站	工业区工业企业	8520	0.467
江西九江分布式能源站	工业区工业企业	5936	0.513
厦门集美分布式能源站	工业区工业企业	7519	0.639

从表 5-6 可知，燃气轮机项目发电机单位装机容量投资为 4000~9000 元/kW，单位装机容量占地面积为 0.4~0.6m²/kW，相差较大。

5.6　某省天然气分布式能源的现状及商业模式设想

1. 某天然气分布式能源的发展现状

该省最近几年随着城市扩容，人口及土地面积急剧增加。基于特定的地理环境和人文经济，人们的生活水平普遍较高，对居住舒适度的需求也比较高，冬天要求供暖、夏季要求供冷，而作为绿色能源——冷电热三联产系统能充分地满足这一要求。

（1）电价补贴问题

由于天然气发电的成本较高，启停灵活，应该承担较多的调峰辅助服务功能，目前该省暂时没有价格支撑，困扰其发展的主要因素是没有补贴的上网电价。由于天然气发电机组的成本还没有像光伏组件、风力发电机组一样大幅度下降，从根本上制约了天然气分布式能源的应用和发展。

（2）天然气价格问题

作为原料，天然气的价格是困扰分布式三联供的主要因素，该地区位于西气东输、川气东送大管网的末端省份。普遍非居民天然气价格为 3.6 元/m^3，燃气发电用气价格可能在 $2.6～3.4$ 元/m^3。燃气价格决定了投资收益，天然气价格偏高（约为美国的 $2～3$ 倍），形成分布式三联供技术难以推广。而且该省大部分主要城市均已被多家城市燃气公司划分输配管网运营权，示范性项目必须得到城市燃气公司积极的支持方能成功。

（3）城市热电问题

目前该省还存在一些城市有热电集团的问题，依然有大量的燃煤背压机组在运行生产中。在城市漫长的变迁中，热电集团通过收购重组等方式逐渐垄断了城区及郊区的集中供热经营权，煤电热价直接冲击气电供热的生存，但随着国家最近出台的史上最严清洁能源政策及对于火电的限制，热电集团也将面临转型的压力。

（4）建设分布式能源站的必要性和紧迫性

改革开放以来，随着该省经济的迅猛发展，发电量和装机容量均有很大的增加。经过发电平衡，电力缺口依然很大，电力峰谷差在 $40\%～50\%$ 之间。根据预测，在三五年内难以改变，季量性、时段性、临时性缺电现象可能更加严重。

从根源上分析，最近几年峰谷差大的原因是制冷空调的大量投用，使得制冷空调负荷急剧增加。据统计，空调负荷用电占全社会的 40% 左右，这些负荷绝大部分是高峰时段。从更深层次的分析，随着经济的发展，第三产业在国民经济所占的比重加大，人民生活水平迅速提高，电制冷式的空调负荷在不断迅速增加，而且持续增长。

电力削峰平峰是解决这一问题的唯一手段。该省已经正式执行省经贸委、省物价局制定的新的峰谷电价方案。同时通过"空调调高一度"等宣传号召大家节约用电，但这些措施只是治标不治本，要根本地解决电力紧张问题，还得大力削峰，减少夏季空调在高峰期的用电负荷，天然气分布式能源站热电冷联产，结合蓄冷空调等技术的应用，是解决这一问题的重要手段。

（5）该地区适合建立分布式能源的区域和类型

针对不同区域的负荷性质及负荷特点，天然气分布式能源可以有不同配置，这要具体情况具体分析。其中典型的适合发展三联供的区域有：

1）城市商业中心如城市中央商务区。

2）公用事业单位如飞机场、大医院、大学校区、大机关。这些建筑的特点是组织性非常强，机构统一，负荷易于集中控制和管理，是发展三联供理想区域。

3）制造业工业园区。由于长三角一带制造业发达，特别是皖江经济发展带地区，这种天然气分布式能源站的潜在用户估计超过上百家。

4）新开发的城区和成片开发的房地产小区。安徽正在经历一个农业人口城镇化的过程，市政府要在小区的供冷和采暖方面统一规划，集中供暖或供冷，有计划地在新建居民小区建设三联供项目。

5）市区原来的热电联合循环电站改造为冷热电三联供。

综上所述，冷热电三联供能源站在安徽地区有很广阔的市场发展前景，相关产业链将很有发展前景。随着三联供能源站的建设需求增长，必将推动燃气发电机、锅炉行业的发展，同时也会带动机械加工行业的发展。

2. 商业模式设想（见图 5-11）

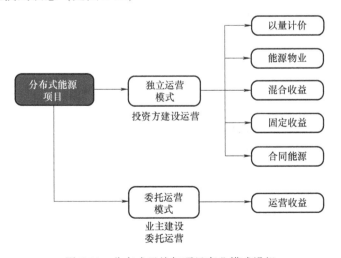

图 5-11　分布式天然气项目商业模式设想

天然气分布式能源项目可以由用户自行投资、运营，对于不擅长能源管理的用户，也可以委托第三方投资、运营，运营模式有多种方式可供选择。

（1）投资方建设运营

能源服务商负责分布式能源项目的投资、建设和运营，根据用户需要供应能源，以运营收益获取投资回报。该方式适用于非专业、规模较小或较为分散的能源用户，用户免除了分布式能源的固定资产投资，由专业的能源服务商进行专业的管理，提高了设备运营效率。

1）以量计价。分别为电、热、冷等能源制订固定的价格，根据用户的实际使用量，收取能源使用费。可仿效电网制订峰、谷价格，引导用户在用能低谷时增加使用量，以保障设备的平稳运行。

2）能源物业。考虑到热、冷能源不便计量，可根据用户建筑使用面积，按照约定的单价，打包收取电、热、冷等能源使用费。也可采用电力费用单独以量计价，热、冷能源以使用面积计价的方式。该模式属于固定收费，无论用户是否使用能源，都要按照面积来缴纳费用，项目的收益较为稳定。

3）混合收益。为用户设定最低能源使用量，不论用户是否使用能源，都要缴纳固定的能源使用费。超出最低使用量的部分可以量计价，也可按面积计价。该模式保证了项目的最低收益，也是较为理想的商业模式之一。

4）固定收益。根据分布式能源项目的投资规模，用户给予能源投资商固定的投资回报和运营管理收益，项目运营成本全部由用户承担，能源使用量与项目的固定收益不相关。该模式使能源投资商规避了投资风险，并能获取一定的投资回报和运营管理收益。

5）合同能源。以用户使用分布式能源前的能源支出为基数，与使用分布式能源后的实际能源支出的差额部分，按照约定的比例分成。该模式由于无法控制用户的能源使用量，用户可能会出于自身利益过度使用能源，相对运营风险较大。

（2）业主建设委托运营

用户负责分布式能源项目的投资建设，委托能源服务商运营管理，项目运营成本由业主承担，能源服务商获取运营管理费。该模式的投资风险全部由用户承担，能源服务商获取固定的收益。

第6章

重要用电设备

6.1 通用用电设备

6.1.1 电机

1. 概述

电动机是最主要的用电设备，其耗用的电能约占总发电量的 75%，电动机在电气传动中带动负载做功的同时，自身也消耗一部分电能。电动机广泛应用于工业、商业、农业、公用设施和家用电器的各个领域，用于拖动机床、风机、泵、压缩机等各种设备。电机系统包括电动机、被拖动装置、传动控制系统及管网负荷相当大的比重。由于电机系统消耗了大部分的工业用电，因此提高该系统的能效水平对于各国的能源节约和环境保护具有重要意义。欧盟预测，对不同功率的电机效率每提高一个百分点，可节约 3% 电能，每年可节约电能 276 亿 kW·h，相当于 5 座 100 万 kW 发电厂的供电能力。

电机是利用电和磁的相互作用实现能量转换和传递的电磁机械装置。广义的电机包括电动机和发电机。电动机从电系统吸收电能，向机械系统输出机械能，各种类型的电动机广泛应用于国民经济各部门以及家用电器中，主要作为驱动各种机械设备的动力；发电机从机械系统吸收机械能，向电系统输出电能，发电机和其他相关设备的技术进步，使人们能够利用热能、水能、核能以及风能、太阳能、生物质能等能源发电，向国民经济各部门和广大城乡居民提供电能。

从结构上来看，尽管不同类型电机结构不同，但通常都是由三大部分组成，即固定部分、转动部分和辅助部分，如图 6-1 所示。固定部分主要由机座、定子铁心、定子绕组、端盖及底板等导磁、导电和支撑固定等结构部件组合而成。

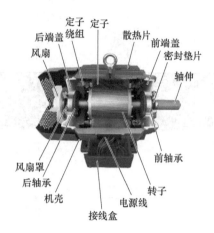

图 6-1　电机结构图

电机的转动部分包括转轴、转子铁心、转子绕组、集电环、换向器等部件；辅助部分包括轴承、电刷、风扇和冷却器等。电机产品种类繁多，根据型号、规格、功率、轴伸、绝缘等级适应的工作环境等参数的不同，可划分出各种各样电机。

2. 电机的分类

从广义上讲，电机是电能的变换装置，包括旋转电机和静止电机。旋转电机是根据电磁感应原理实现电能与机械能之间相互转换的一种能量转换装置；静止电机是根据电磁感应定律和磁动势平衡原理实现电压变化的一种电磁装置，也称其为变压器。这里我们主要讨论旋转电机。旋转电机的种类很多，在现代工业领域中应用极其广泛，可以说，有电能应用的场合都会有旋转电机的身影。与内燃机和蒸汽机相比，旋转电机的运行效率要高得多；并且电能比其他能源传输方便、费用更低；此外，电能还具有清洁无污、容易控制等特点，所以在实际生活中和工程实践中，旋转电机的应用日益广泛。

在旋转电机中，由于发电机是电能的产生机器，所以和电动机相比，它的种类要少得多；而电动机是工业中的应用机器，所以和发电机相比，人们对电动机的研究要多得多，对其分类也要详细得多。实际上，我们通常所说的旋转电机都是狭义的，也就是电动机——俗称"马达"。众所周知，电动机是传动以及控制系统中的重要组成部分。随着现代科学技术的发展，电动机在实际应用中的重点已经开始从过去简单的传动向复杂的控制转移；尤其是对电动机的速度、位置、转矩的精确控制。

遵照行业惯例，一方面，依据电机轴中心高度，将电机分为大型电机、中型电机、小型电机和微型电机；另一方面，按照电机专用性能，将电机分为标准电机和特种电机。以电机轴中心高度为主要基准，对电机的分类见表 6-1。

表 6-1　轴中心高度电机分类表

机型	轴中心高度 H/mm	定子铁心外径 D/mm
大型电机	>630	>990
中型电机	355~630	≤990
小型电机	63~315	—
微型电机	<63	—

其中，中型电机和小型电机在生产工艺和终端客户方面具有较大的相似性，因此行业内通常将中型电机和小型电机合并成为中小型电机。

按结构和工作原理分类时可将电机分成以下几类：

（1）直流电动机

直流电动机是出现最早的电动机，大约在 19 世纪末。其大致可分为有换向器和无换向器两大类。直流电动机有较好的控制特性，因为直流电动机的转速与其他参量有以下关系：

$$n = \frac{U_a - I_a R_a}{C_E \Phi}$$

式中　U_a——电枢供电电压；

I_a——电枢电流；

R_a——电枢回路总电阻；

C_E——电势系数；

Φ——励磁磁通。

直流电动机在结构、价格、维护方面都不如交流电动机，但是由于交流电动机的调速控制问题一直未得到很好的解决方案，而直流电动机具有调速性能好、起动容易、能够重载起动等优点，所以目前直流电动机的应用仍然很广泛，尤其在晶闸管整流直流电源出现以后。

（2）异步电动机

异步电动机是基于气隙旋转磁场与转子绕组感应电流相互作用产生电磁转矩而实现能量转换的一种交流电动机。异步电动机一般为系列产品，品种规格繁多，其在所有的电动机中应用最为广泛，需量最大。目前，在电力传动中大约有 90% 的机械使用交流异步电动机，其用电量约占总电力负荷的 50% 以上。

异步电动机具有结构简单，制造、使用和维护方便，运行可靠以及质量较小、成本较低等优点。并且，异步电机有较高的运行效率和较好的工作特性，从空载到满载范围内接近恒速运行，能满足大多数工农业生产中机械的传动要求。异步电动机广泛应用于驱动机床、水泵、鼓风机、压缩机、起重卷扬设备、矿山机械、轻工机械、农副产品加工机械等大多数工农生产机械以及家用电器和医疗器械等。

在异步电动机中较为常见的是单相异步电动机和三相异步电动机，其中三相异步电动机是异步电动机的主体。而单相异步电动机一般用于三相电源不方便的地方，大部分是微型和小容量的电机，在家用电器中应用比较多，例如电扇、电冰箱、空调、吸尘器等。

（3）同步电动机

所谓同步电动机就是在交流电的驱动下，转子与定子的旋转磁场同步运行的电动机。同步电动机的定子和异步电动机的完全一样；但其转子有"凸极式"和"隐极式"两种。凸极式转子的同步电动机结构简单、制造方便，但是机械强度较低，适用于低速运行场合；隐极式转子同步电动机制造工艺复杂，但机械强度高，适用于高速运行场合。与所有的电动机一样，同步电动机也具有"可逆性"，即它能按发电机方式运行，也可以按电动机方式运行。并且，同步电机的转速 n（r/min）和电源频率 f（Hz）之间有着严格的关系：

$$n = \frac{60f}{p} \tag{6-1}$$

式中　p——电机极对数，极数和转速一定时，其感应交流电动势频率也是一定的。

同步电动机主要用于大型机械，如鼓风机、水泵、球磨机、压缩机、轧钢机以及小型、微型仪器设备或者充当控制元件，其中三相同步电动机是其主体。此外，还可以当调相机使用，向电网输送电感性或者电容性无功功率。

3. 电机能效

从国际上看，面对资源约束趋紧的发展环境，全球主要发达国家都将提高电机能效作为重要的节能措施。

2008 年，国际电工技术委员会（IEC）制定了全球统一的电机能效分级标准，见表6-2，并统一了测试方法；美国从 1997 年开始强制推行高效电机，2011年又强制推行超高效电机；欧洲于 2011 年也开始强制推行高效电机。我国 2006年发布了电机能效标准（GB 18613—2006），后来参照 IEC 标准组织进行了修订，新标准《电动机能效限定值及能效等级》（GB 18613—2020）于 2021 年 6月 1 日正式实施。按照国家新标准，我国现在生产的电机产品绝大多数都不是高效的。为加快推动工业节能降耗，促进工业发展方式转变和节能目标的实现，必须大力提升电机能效。

表 6-2　中小型三相异步电动机能效标准对比

IEC 60034-30-1 （国际标准）	GB 18613—2020 （我国 2020 版标准）	GB 18613—2012 （我国 2012 版标准）
IE5	能效一级	
IE4	能效二级	能效一级
IE3	能效三级	能效二级
IE2		能效三级

注：按照 2020 版新标准，高效电机仅指达到能效二级（相对于 IE4 能效标准）及以上的电机。

4. 电动机节能设计

由于电机系统耗电在世界各国均占有相当大的比重，随着能源形势的日益紧张，世界各国均开展了电机系统节能工作。

中小型电机产品从轴中心高度上划分是指轴中心高度为 63~630mm 的电机。该类电机产品被作为电能转化为机械能的核心部件广泛地运用于机床、泵、风机、压缩机等与国民经济密切相关的商品设备领域。泵、风机、压缩机等产品在社会生活中应用极为广泛，是社会耗电量的重要组成部分，所以该类产品的用电效率很大程度上关系到社会整体的电能使用效率。因此，中小型电机产品的能效是该类产品技术水平的一个重要特征。

获得电动机高效率运行的技术关键是最大限度地降低电动机自身的铁耗、铜耗、机械耗、杂散损耗等损耗，从而获得最大的机械能输出。

行业内主要的中小型电机生产企业为了最大程度地降低电机自身耗损通常采用以下方法：

（1）定子绕组采用低谐波绕组降低铜耗和杂耗：高效电机的生产中通过采用低谐波绕组来改善电动机的磁动势波形，从而降低电动机杂耗和定转子绕组的铜耗。同时，定子绕组采用无溶剂绝缘漆负压浸渍新工艺，提高了绕组的绝缘强度，降低了温升和能耗，延长了使用寿命。

采用优化设计方法进行电磁计算，通过对定、转子槽形尺寸的选择、调整，使电机各部分的磁通密度值（如齿部、轭部等）分布合理，电磁负荷比例恰当，才能使铜、铁损耗降到最低，提高效率。通过采用高磁导率、低损耗的优质冷轧硅钢片，使铁损耗降低，并使电负荷下降，促使效率提高。

（2）采用先进合理的通风结构降低机械损耗：高效电机采用了锥形风罩和带锥形挡风板的风扇结构，具有优良的通风效果，能够在风耗和摩擦损耗很小的情况下产生足够的风量，达到很好的散热冷却效果，并且可以有效降低机械噪声。

由于损耗下降、效率提高，使电机发热减少，冷却风量的需要减少，故可采用小直径风扇，结果又使机械能耗下降，效率得以进一步提高。

（3）采用有效的工艺措施降低电机杂耗：在采用适当的定、转子槽配合和转子槽斜度的同时，适当调整定、转子气隙值并对加工后的转子进行多项处理，从而降低和控制杂散损耗。

中小型电机行业企业为了进一步提高电机产品能效，从而降低下油泵、风机、压缩机等产品在核定输出功率情况的耗电水平，主要从以下几个方面进行技术研发和开发，见表6-3。

表6-3　中小型电机节能技术

技术名称	主要内容
高效电机设计技术	高压高效三相异步电动机的设计技术研究；铸铜转子电机、稀土永磁电机设计技术研究；直驱高效风机、水泵、空压机的高效电机设计技术研究；驱动大功率高扬程潜水电泵的高效电机设计技术研究
高效电机控制技术	研究基于国产IGBT器件及装置的电机变频技术，应用半导体驱动、工频驱动等先进的驱动和调速方式，对电机运行进行优化控制。开发高效电机嵌入式系统推广应用平台
高效电机共性、匹配技术	降低电机定子铜耗、转子铝耗、铁耗、机械损耗和杂散损耗的共性技术研究；风机、水泵、空压机等典型负载和电机性能匹配技术的研究
关键材料装备技术研究	冷轧硅钢片在不同类型高效电机中的应用研究；先进冲剪工艺及高效冲剪模具、装备的研究和开发；低介质损耗、高电气强度的高压电机绝缘浸渍漆、绝缘云母带研究；超薄绝缘厚度的电磁线研究；耐高频冲击电压的绝缘浸渍漆研究；低介质损耗的云母带基材研究等
高效电机的效率不确定度测试方法与装置研究	研究先进的高稳定度数字变、定频电源和电子回馈系统、高精度计算机控制测量系统和分布式网络群控技术；研发基于数字化和信息化技术的高精度高效、超高效电机检测系统

6.1.2　照明

1. 概述

节约能源是近年来政府大力提倡、社会上下共同拥护的国策。国家住房和城乡建设部和国家发改委联合颁发《关于加强城市照明管理，促进节约用电工作的意见》及我国制定和实施的"绿色照明工程"计划，并已将照明节电提到了与能源、环境、经济协调发展的高度。在电气照明设计中，由于荧光灯内采用稀土三基色荧光粉，其显色指数可达85，使得被照物体颜色更鲜艳、清晰，在照明光源中具有显色性好、光效高、寿命长等优点，设计中被认为是较理想的室内光源，在超市、办公大楼、学校、医院及工厂控制室、生产车间等被广泛采用。通过对生活中照明光源节能设计存在考虑不足的现象，照明光源可从光源、装置或配件、灯具这三个方面设计，达到节能高效的目的。

2. 电气照明节能设计

（1）照明光源设计

使用荧光灯的场所，普遍采用 T8 荧光灯管。近年来，T5 荧光灯管作为一种创新科技光源，具有技术性能先进、光效高、照明质量与效果优秀等技术特性，正以较快的速度替代 T8 荧光灯管，在设计中越来越多地被采用。例如在某采用36W 的 T8 荧光灯管的场所，光通量为 2200 lm，而现在设计 26W 的 T5 荧光灯，光通量达到 2600 lm。约节约 22% 的电能，光通量却提高了 18%。

（2）照明装置或配件设计

镇流器也是照明耗能的一个部件。品质优良、可靠性好、效率高、能耗低的镇流器应为首选设计产品。电感式镇流器与电子式镇流器荧光灯的测试数据如下（36W 飞利浦灯管），见表 6-4，其中总功率含自身发热损耗。

表 6-4　各种镇流器荧光灯的数据（36W 飞利浦灯管）

基本特性	电感式	电子式		比较分析
		无源功率因数校正	有源功率因数校正	
工作电压/V	220	220	220	
工作电流/mA	346	169	166	电感式的工作电流最大，耗电最多
总容量/V·A	75.39	37.8	36.6	电感式的耗电最多，所耗电转为电感的热能
输入功率/W	38.5	36.5	36.2	电感式的输入功率最大，表示耗电最多
输出功率/W	25.7	31.6	31.2	电感式的输出功率最低，表示光电转换率最低
工作频率/Hz	50	32.5K	43.62K	电子式的工作频率高、无频闪、护眼、提高光效
预热功能	无	有	有	电子式的可以延长灯管工作寿命，使其长期使用无黑头现象
功率因数	0.5	≥0.95	≥0.98	电子式的功率因数高，表示对电能利用率高，减少对电网的污染

(续)

基本特性	电感式	电子式		比较分析
		无源功率因数校正	有源功率因数校正	
电流谐波	≤20%	≤30%	≤10%	电流谐波低，减少对大电网的污染，减轻电网负荷
光效率 lm/W	40	60	60	电子式发光效率最高，即相同的灯管，电子式最亮

从上述各项对比中可知，电子镇流器在自身功效、光效比等方面占有明显优势。节能方面：电感镇流器荧光灯的功耗约为 12.8W，而电子式镇流器的约为 4.9W，节能效果明显。

因此，在一体化、单端小功率荧光灯（功率≤36W）设计中，由于对谐波要求较低，无源功率因数校正电子镇流器与电感镇流器价格持平，占有较明显节能优势，可以广泛采用。小功率气体放电光源（40W 以下）应该坚持以电子镇流器为主，因为它节能效果明显，一体化程度高；而对于高强度气体放电光源（100W 以上）目前还是应该以电感镇流器为主因为它节能效果与电子镇流器相当，电路可靠度高。

（3）照明控制

可调控的照明可以适应多种不同的活动需要，实现照明节能。正常使用中，应该合理选择照明控制方式，根据天然光的照度变化安排电气照明点亮的范围；并且根据照明使用特点，对灯光加以区分（住宅区公共场所照明和室外照明）控制和适当增加照明开关点。

室外照明是夜晚灯光环境的重要组成部分，与人们夜晚的活动及生活质量密切相关。良好的室外照明控制，可以创造更加美好安全的夜间灯光环境。室外照明是用电大户，合理的室外照明控制，可以节约用电，有着非常显著的经济效益和社会效益。在我国，室外照明曾经广泛推广了半夜灯控制方式，取得了很好的节能效果。目前，室外照明正朝着减压调光控制、集中控制、无线控制、远程控制、智能控制的方向发展，在基本不影响照明场所需求和照明质量的前提下，更加科学合理地监控和管理室外照明系统，能够取得更好的节能效果。

人工照明是对自然照明的补充，充分利用自然光，本身就可以达到节能的目的。有些建筑利用各种集光装置进行采光，如反射镜、光导纤维、光导管等，这些装置使不具备直接自然采光条件的空间也能享受到自然光照明。当然，上述举措很少应用于住宅，作为节能型健康住宅，我们要做的就是保障足够的开窗面积和充分的直接自然采光。

（4）照明灯具的选择

照明灯具的选择对于发挥照明光源的最大潜力起着至关重要的作用。照明灯置于房间的顶部，灯光围绕灯 360° 发散，其中只有 120° 约 1/3 直接照射到工作或生活面利用，其他光散向了其他地方，大部分均浪费。为了提高灯光的利用率，会给灯加一个反光板（罩），目前应用较普遍的反光板（罩）：磨砂或棱镜保护罩式反射率只有 55%，格栅式为 60%，透明式为 65%，控照式（或开敞式）为 75%。通过研究发现，微发泡反射板和进口镜面铝反光板可达到 98% 的反射率，其中镜面铝反光板目前已在多个节能改造工程中应用。

进口镜面铝反光板是一个介于灯管与灯座间的新式结构的反射装置，主要技术是应用镜面反射光原理，以及修正改良的光学曲率，配合进口镜面铝镀膜镜面处理。利用光学原理产生多角度的反射，采用 U 型抛物线同 W 型反射线结合，能使灯管的入射光源全部投射到有效照明区并减少灯罩的光线吸收，将光源利用率发挥到光输出极限，同功率的灯管光源可达到 2 倍的有效亮度。

6.1.3　充电桩

1. 概述

充电桩是一种可以为各种型号的电动汽车充电的装置。充电桩（见图 6-2）常常安装于公共建筑（公共楼宇、商场、公共停车场等）和居民小区停车场或充电站内。充电桩的输入端与交流电网直接连接，输出端都装有充电插头用于为电动汽车充电。充电桩一般提供常规充电和快速充电两种充电方式，人们可以使用特定的充电卡在充电桩提供的人机交互操作界面上刷卡使用，进行相应的充电方式、充电时间、费用数据打印等操作，充电桩显示屏能显示充电量、费用、充电时间等数据。

图 6-2　新型车用充电桩图片

车用充电桩一般分为交流充电桩与直流充电桩。两种桩最大的区别或者说唯一的区别是一个属于慢充，一个属于快充。交流充电桩充满电需要 7~10h，直流充电桩充满电仅仅需要 1~2h。

从充电时间上考虑，直流充电桩有非常大的优势，充电时间快的吸引力特别大。

现有的两种充电模式（见图 6-3）如下：

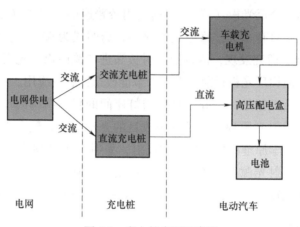

图 6-3　充电桩应用示意图

交流充电模式：充电桩为交流电进，交流电出，只需一个开关即可，价格较便宜。

直流充电模式：充电桩为交流电进，直流电出，需要对电流进行整流，价格昂贵。

其中，高压配电盒实际上是一个高压继电器，起到开关的功能。此外，在直流充电模式下，由于充电机比较大且重，一般集成在直流充电桩内，而不是像交流充电模式那样直接配置在车上。

图 6-4 中展示了一个完整的充电桩所需具备的各种功能。除了充电功能外，还需要交互触摸屏、付费刷卡、计量、联网等功能：

触摸屏：如果充电过程像一个黑箱，用户不知道充电的状态，用户体验必然不好，而触摸屏可以显示充电完成的情况。

付费刷卡：主要是为了对充电过程进行验证和计费。

计量：为了保证用电量计算的可信度，一般安装的是经过计量认证（MC）的电表，而不是个人设计的计量板。

联网：为了方便手机远程预约、扫码充电，与共享单车的使用方式类似。

2. 交流充电桩

电动汽车交流充电桩，是指安装于公共场所和居民小区停车场或充电站内，

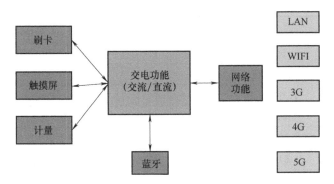

图 6-4　充电桩构成

与交流电网连接，为电动汽车车载充电机提供交流电源的供电装置。它是采用传导方式为具有车载充电机的电动汽车提供人机交互操作界面及交流充电接口，并具备相应测控保护功能的专用装置。具备运行状态监测、故障状态监测、充电分时计量、历史数据记录和存储功能。充电桩的工作电压（AC）：380V/220V×（1±15%），额度输出电流（AC）：32A（七芯插座），额定频率50Hz。

交流充电桩由桩体、电气模块、计量模块三部分组成，桩体包括外壳和人机交互界面，电气模块包括充电插座、供电电缆、电源转接端子排、安全防护装置等，计量模块包括电能表、计费管理系统、读写装置等。

交流充电桩的结构如图 6-5 所示，结构说明见表 6-5。

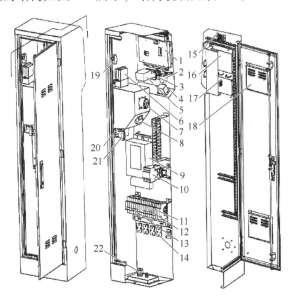

图 6-5　交流充电桩结构

表6-5　充电桩结构说明

序号	名称	序号	名称
1	显示屏	12	漏电空开
2	急停按钮	13	交流开关
3	红外感应器	14	进线铜排
4	扬声器	15	备用电池控制板
5	读卡器	16	系统主控单元
6	备用电池	17	辅助电源板
7	三相交流输出插座	18	百叶窗
8	单相交流输出插座	19	维护门检测开关
9	电表	20	充电门电磁锁
10	交流接触器	21	充电门检测开关
11	防雷器	22	进线防水锁头

3. 直流充电桩

直流充电桩又称为直流快充，充电桩的输入与电网相连接，输出端与车载电池相连接。充电桩输入的是三相交流电，然后通过电源模块进行交/直转换后输出直流电，从而对电动汽车进行充电。直流充电桩的输出电流和输出功率较大，充电所需要的时间较短，所以一般用在快充、大功率的场合以及满足用户需要短时充电的要求。但是由于输出的电流较大，发热量也较大，所以直流充电桩的桩体体积较大，占地面积也比较大，一般适用于需要快速充电的场合，解决临时充电的问题，例如公交车等大型交通工具的充电。由于直流充电桩的输出电流和输出功率较大，与电网连接时会对电网产生较大的冲击，所以在建设直流充电桩时需要加入一些对电网的保护措施。

电动汽车直流充电桩系统总体结构设计思路如图6-6所示。直流充电桩控制板采用数字控制实现信号通信，通过带有信号光缆的充电枪对电动汽车的充电电池组进行直流充电。图中UVW是三相电源中表示3根相线，3根相线在实际应用中可以都用黑色线，也可以分为红、黄、绿3种颜色。PE表示接地保护线，一定要用黄绿双色专用线。N则是中性线，一般用蓝色。

4. 充电桩相关政策

1）根据国务院《节能与新能源汽车发展规划2011—2020年》，分为三方面：①纳入城市综合交通运输体系、城市建设规划，适度超前；②开展充电设施关键技术研究，加快制定充电桩技术标准和规范；③探索商业运营模式，试点城市加大政府投入力度，吸引社会资本，建立分时段充电定价机制，逐步实

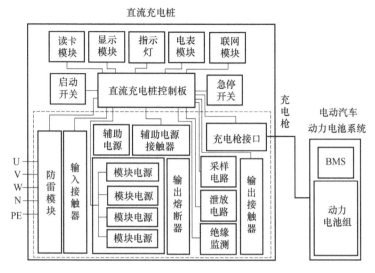

图 6-6　直流充电桩系统总体结构

现设施管理市场化、社会化。

2）电价：国家发展改革委《关于电动汽车用电价格政策有关问题的通知》（发改价格〔2014〕1668 号）分为三类，实行峰谷电价。

3）根据《合肥市新能源汽车充电设施专项规划 2014—2020 年)》制定中，充电最高服务费为 1.70 元/（kW·h），充电设施 1 万元补贴用于个人购买纯电车充电设施安装，对集中购买超过 10 辆的单位和小区，给予 2000 元/辆的补助用于充电设施建设。

6.2　工业用电设备

6.2.1　电解设备

1. 概述

电解是将电流通过电解质溶液或熔融态电解质（又称电解液），在阴极和阳极上引起氧化还原反应的过程，电化学电池在外加直流电压时可发生电解过程。

电解是利用在作为电子导体的电极与作为离子导体的电解质的界面上发生的电化学反应进行化学品合成高纯物质的制造以及材料表面的处理的过程。通电时，电解质中的阳离子移向阴极，吸收电子，发生还原作用，生成新物质；电解质中的阴离子移向阳极，放出电子，发生氧化作用，亦生成新物质。

根据电解时生成物的情况，电解可分以下几种类型：

1）电解水型：含氧酸、强碱、活泼金属的含氧酸盐溶液的电解。

2）分解电解质型：无氧酸（如 HCl）、不活泼金属的无氧酸盐（如 $CuCl_2$）溶液的电解。

3）放氢生碱型：活泼金属的无氧酸盐（如 NaCl、$MgBr_2$ 等）溶液的电解。

4）放氧生酸型：不活泼金属的含氧酸盐（如 $CuSO_4$、$AgNO_3$ 等）溶液的电解。

电解广泛应用于冶金工业中，如从矿石或化合物提取金属（电解冶金）或提纯金属（电解提纯），以及从溶液中沉积出金属（电镀）。金属钠和氯气是由电解溶融氯化钠生成的；电解氯化钠的水溶液则产生氢氧化钠和氯气。电解水产生氢气和氧气，水的电解就是在外电场作用下将水分解为 H_2 和 O_2。电解是一种非常强有力的促进氧化还原反应的手段，许多很难进行的氧化还原反应，都可以通过电解来实现。例如：可将熔融的氟化物在阳极上氧化成单质氟，熔融的锂盐在阴极上还原成金属锂。电解工业在国民经济中具有重要作用，许多有色金属（如钠、钾、镁、铝等）和稀有金属（如锆、铪等）的冶炼及金属（如铜、锌、铅等）的精炼，基本化工产品（如氢、氧、烧碱、氯酸钾、过氧化氢、乙二腈等）的制备，还有电镀、电抛光、阳极氧化等，都是通过电解实现的。

2. 铝电解节能技术

电解铝生产的综合节能技术改造，主要从两个方面进行：首先是对主体设备电解槽采用先进的技术参数，改变设备的结构，使之能适应新的工艺技术条件，直接取得节能效果和经济效益，如电解槽母线加宽，电解槽阳极加宽同时配合了阴极结构的改造，为在电解质中添加锂、镁复合盐降低电解温度，提高电流效率，创造了条件，并开发应用了锂盐阳极糊；第二，在电解槽工艺技术水平提高到一定程度后，采用计算机技术，将部分主要工艺参数用微机控制，代替人工操作，减轻了工人的劳动强度，而且使生产工艺过程更平稳，从而达到节能降耗目的。

电解铝直流电耗为

$$\rho = \frac{U}{0.3356\eta \times 10^{-6}} \tag{6-2}$$

式中　ρ——直流电耗，单位 $kW \cdot h/kg$（Al）；

　　　U——槽平均电压，单位 V；

　0.3356——铝的电化学当量，单位 $g/(A \cdot h)$；

　　　η——电流效率。

从上式来看，降低槽平均电压和提高电流效率是降低电耗的根本途径。科研工作者围绕如何降低铝电解槽电压和提高电流效率做了大量研究，比如阳极开槽技术、石墨化阴极碳块技术、阴极涂层技术、无效应低电压技术等，这些技术都能在一定程度上降低电解槽电压。但近年来取得显著效益或获得重大突破的主要是新型阴极结构铝电解槽技术、新型稳流保温铝电解槽节能技术等。

（1）新型阴极结构铝电解槽技术

新型阴极结构电解槽上的每个阴极碳块表面具有坝形的凸起结构，这些坝形的凸起直立在其阴极碳块的表面，并与阴极碳块为一个整体，可以减小铝液的波动，可将槽电压降低 0.3V 以上；使铝电解的吨铝电耗大幅度降低 800～1100kW·h，有很好的节能效果。为了应对阴极结构改变导致的铝电解槽热平衡的改变，配套开发了保温型铝电解槽内衬结构设计技术、沟槽绝缘焦粒焙烧启动技术和火焰-铝液焙烧启动技术，以及尝试给出了合理的铝水平、分子比、电解质成分和阳极高度等参数的范围，以实现在降低槽电压以后电解槽的稳定运行。该成果攻破了铝电解电耗难于大幅度降低的技术难题，提出了铝电解生产大幅度节电的技术路线，引领了当代世界铝电解节能技术的一场重要变革。该技术目前已经在全国大部分企业得到应用，以年产 3500 万 t 的一半、每吨铝直流电耗降低 800kW·h 计，每年可节约用电至少 140 亿 kW·h。

（2）新型稳流保温铝电解槽节能技术

此技术的核心是通过降低铝液水平电流、降低铝液界面变形和流速、开发高导电钢棒、释放极间空间、内衬结构设计、散热分布优化等一系列措施稳定了热场、电场和流场，从而降低了阴极电压降，减少侧壁散热，降低电解质对保温材料的侵蚀，提高了槽寿命。此技术自 2013 年在国内电解铝企业推广，使铝电解槽运行电压稳定在 3.75～3.85V，电流效率 92.0%～94.0%，直流电耗 12200～12500kW·h，截至 2019 年，在全国 200～500kA 多种系列槽型的 1200 多台电解槽上推广产能约 150 多万 t。均取得节电 500kW·h 以上的节能效果，每年可节电 7.5 亿 kW·h，年减排当量 CO_2 约 56 万 t，年节约电费 3 亿元以上。

6.2.2　电加热设备（如电采暖、电冶炼、电窑炉）

1. 概述

电加热将电能转变成热能以加热物体，是电能利用的一种形式。与一般燃料加热相比，电加热可获得较高温度（如电弧加热，温度可达 3000℃以上），易于实现温度的自动控制和远距离控制，可按需要使被加热物体保持一定的温度分布。电加热能在被加热物体内部直接生热，因而热效率高，升温速度快，并可根据加热的工艺要求，实现整体均匀加热或局部加热（包括表面加热），容易实现真空加热和控制气氛加热。在电加热过程中，产生的废气、残余物和烟尘少，可保持被加热物体的洁净，不污染环境。因此，电加热广泛用于生产、科研和试验等领域中。特别是在单晶和晶体管的制造、机械零件和表面淬火、铁合金的熔炼和人造石墨的制造等领域，都采用电加热方式。

电加热是目前对金属材料加热效率最高、速度最快、低耗节能环保型的感应加热设备。电加热，又名高频加热机、高频感应加热设备、高频感应加热装置，包括高频加热电源、高频电源、高频电炉、高频焊接机、高频感应加热机、高频感应加热器（焊接器）等。另外也有中频感应加热设备、超高频感应加热设备等。

高频大电流流向被绕制成环状或其他形状的加热线圈（通常是用紫铜管制作），由此在线圈内产生极性瞬间变化的强磁束，将金属等导体被加热物体放置在线圈内，磁束就会贯通整个被加热物体，在被加热物体的内部与加热电流相反的方向，便会产生相对应的很大涡电流。由于被加热物体内存在有电阻，所以会产生很多的焦耳热，使物体自身的温度迅速上升，达到对所有导体材料加热的目的。

2. 电加热分类

根据电能转换方式的不同，电加热通常分为电阻加热、红外线加热、感应加热和介电加热等。

（1）电阻加热

电阻加热即利用电流的焦耳效应将电能转变成热能以加热物体，通常分为直接电阻加热和间接电阻加热。前者的电源电压直接加到被加热物体上，当有电流流过时，被加热物体本身便发热。可直接电阻加热的物体必须是导体，但要有较高的电阻率。由于热量产生于被加热物体本身，属于内部加热，热效率很高。

间接电阻加热需由专门的合金材料或非金属材料制成发热元件，由发热元件产生热能，通过辐射、对流和传导等方式传到被加热物体上。由于被加热物体和发热元件分成两部分，因此被加热物体的种类一般不受限制，操作简便。

间接电阻加热的发热元件所用材料，一般要求电阻率大、电阻温度系数小，在高温下变形小且不易脆化。常用的有铁铝合金、镍铬合金等金属材料和碳化硅、二硅化钼等非金属材料。金属发热元件的最高工作温度，根据材料种类可达 1000~1500℃；非金属发热元件的最高工作温度可达 1500~1700℃。非金属材料安装方便，可热炉更换，但它工作时需要调电压装置，寿命比合金发热元件短，一般用于高温炉、温度超过金属材料发热元件允许最高工作温度的地方和某些特殊场合。

（2）红外线加热

利用红外线辐射物体，物体吸收红外线后，将辐射能转变为热能而被加热。红外线是一种电磁波，在太阳光谱中，处在可见光的红端以外，是一种看不见的辐射能。在工业应用中，常将红外光谱划分为几个波段：$0.75 \sim 3.0 \mu m$ 为近红外线区；$3.0 \sim 6.0 \mu m$ 为中红外线区；$6.0 \sim 15.0 \mu m$ 为远红外线区；$15.0 \sim 1000 \mu m$ 为极远红外线区。不同物体对红外线吸收的能力不同，即使同一物体，对不同波长的红外线吸收的能力也不一样。因此应用红外线加热，须根据被加热物体的种类，选择合适的红外线辐射源，使其辐射能量集中在被加热物体的吸收波长范围内，以得到良好的加热效果。

电红外线加热实际上是电阻加热的一种特殊形式，即以钨、铁镍或镍铬合金等材料作为辐射体，制成辐射源。通电后，由于其电阻发热而产生热辐射。常用的电红外线加热辐射源有灯型（反射式）、管型（石英管式）和板型（平面式）三种。

灯型是一种红外线灯泡，以钨丝为辐射体，钨丝密封在充有惰性气体的玻璃壳内，如同普通照明灯泡。辐射体通电后发热（温度比一般照明灯泡低），从而发射出大量波长为 $1.2 \mu m$ 左右的红外线。若在玻璃壳内壁镀反射层，可将红外线集中向一个方向辐射，所以灯型红外线辐射源也称为反射式红外线辐射器。

管型红外线辐射源的管子是用石英玻璃做成，中间是一根钨丝，故亦称石英管式红外线辐射器。灯型和管型发射的红外线的波长在 $0.7 \sim 3 \mu m$ 范围内，工作温度较低，一般用于轻纺工业的加热、烘烤、干燥和医疗中的红外线理疗等。

板型红外线辐射源的辐射表面是一个平面，由扁平的电阻板组成，电阻板的正面涂有反射系数大的材料，反面则涂有反射系数小的材料，所以热能大部分由正面辐射出去。板型的工作温度可达到 1000℃ 以上，可用于钢铁材料和大直径管道及容器的焊缝的退火。

由于红外线具有较强的穿透能力，易于被物体吸收，并且一旦为物体吸收，立即转变为热能；红外线加热前后能量损失小、温度容易控制、加热质量高，因此红外线加热应用发展很快。

（3）感应加热

感应加热即利用导体处于交变电磁场中产生感应电流（涡流）所形成的热效应使导体本身发热。根据不同的加热工艺要求，感应加热采用的交流电源的频率有工频（50~60Hz）、中频（60~10000Hz）和高频（高于10000Hz）。工频电源就是通常工业上用的交流电源，世界上绝大多数国家的工频为50Hz。感应加热用的工频电源加到感应装置上的电压必须是可调的，根据加热设备功率大小和供电网容量大小，可以用高压电源（6～10kV）通过变压器供电；也可直接将加热设备接在 380V 的低压电网上。

中频电源曾在较长时间内采用中频发电机组，它由中频发电机和驱动异步电动机组成。这种机组的输出功率一般在 50～1000kW。随着电力电子技术的发展，使用的是晶闸管变频器中频电源，这种中频电源利用晶闸管先把工频交流电变换成直流电，再把直流电转变成所需频率的交流电。由于这种变频设备体积小、重量轻、无噪声、运行可靠等，已逐渐取代了中频发电机组。

高频电源通常先用变压器把三相 380V 的电压升高到约 20kV 左右的高电压，然后用闸流管或高压硅整流元件把工频交流电整流为直流电，再用电子振荡管把直流电转变为高频率、高电压的交流电。高频电源设备的输出功率有从几十 kW 到几百 kW。

感应加热的物体必须是导体。当高频交流电流通过导体时，导体产生趋肤效应，即导体表面电流密度大，导体中心电流密度小。

感应加热可对物体进行整体均匀加热和表层加热；可熔炼金属；在高频段，改变加热线圈（又称感应器）的形状，还可进行任意局部加热。

（4）介质加热

利用高频电场对绝缘材料进行加热，主要加热对象是电介质。电介质置于交变电场中，会被反复极化（电介质在电场作用下，其表面或内部出现等量而极性相反的电荷的现象），从而将电场中的电能转变成热能。

介质加热使用的电场频率很高。在中、短波和超短波波段内，频率为几百 kHz 到 300MHz，称为高频介质加热。若高于 300MHz，达到微波波段，则称为微波介质加热。通常高频介质加热是在两极板间的电场中进行的；而微波介质加热则是在波导、谐振腔或者在微波天线的辐射场照射下进行的。

介质加热由于热量产生在电介质（被加热物体）内部，因此与其他外部加热相比，加热速度快、热效率高，而且加热均匀。

介质加热在工业上可以加热凝胶，烘干谷物、纸张、木材，以及其他纤维质材料；还可以对模制前塑料进行预热，以及橡胶硫化和木材、塑料等的黏合。选择适当的电场频率和装置，可以在加热胶合板时只加热黏合胶，而不影响胶合板本身。对于均质材料，可以进行整体加热。

3. 电加热常见使用场景

（1）电采暖

电采暖是将清洁的电能转换为热能的一种优质舒适环保的采暖方式，经过长期的实际应用，被证实其拥有很多其他采暖方式不可比拟的优越性，已被全球越来越多的用户认同和接受。

采暖系统的工作原理就是其承担着将热媒携带的热量传递给房间内的空气，以补偿房间的热耗，达到维持房间一定空气温度的目的。采暖系统是为了维持室内所需要的温度，必须向室内供给相应的热量，这种向室内供给热量的工程设备，分为电地暖和水地暖。电采暖供热系统所消耗的能量是电。

电采暖按采暖方式分为干式采暖和湿式采暖两大类。其中干式采暖按照受热面积及均匀性可以做如下分类：

1）点式采暖：以空调、电热扇、辐射板为代表。

2）线式采暖：以发热电缆为代表。

3）面式采暖：以电热膜为代表。电热膜又可以进一步细分为：电热棚膜、电热墙膜和电热地膜等不同的电热膜品种。

湿式采暖按照工作原理又分为：

1）电阻采暖：以电阻棒、PTC（正温度系数）陶瓷、石英玻璃管为主。

2）电磁采暖：以高频电磁、中频电磁、工频电磁为主。

这里所说的电采暖主要是指以电热膜、发热电缆、电锅炉等为发热材料的电地暖系统，其特点是直接将电能转化成热能，不需要通过水、导热油等中间介质进行热的传递。电采暖的优势概括如下：

1）环保。电能是最清洁能源，使用过程中不存在任何污染。虽然在以煤炭为原料的火力发电厂会有污染物排放，但是发电厂远离人口密集的城市，对人类的影响相对于城市供热锅炉要小得多。而且集中的、大型发电厂的污染物控制，也比供热锅炉要易于治理得多。燃气锅炉包括小型壁挂炉虽然比燃煤锅炉的污染物排放量小，但是与电采暖相比同样存在污染物排放的问题。

2）热效率不比锅炉集中供暖系统低。有些专家仅仅从宏观上或单从能源的一次转换效率上对比和评价电采暖，认为从低品位的化石燃料煤炭转化成高品位的电能（转化效率约30%），然后再把高品位的电能用于供暖，比锅炉集中供热效率低很多。但是如果把集中供暖管路的热损失、末端控制的灵活程度、推广热计量的难度，以及水资源的消耗、锅炉房和热中转站的占地及维护维修和设备更新、运行管理的复杂性等综合考虑和评价对比，由于电采暖的电-热转换效率几乎100%，综合热效率并不比集中锅炉低。

3）电采暖具有削峰填谷作用。考察结果证明，在我国任何一个电力紧张的城市，冬季的夜间电力仍然是过剩的。由于电力的不可储存性，致使不少发电厂夜间空转，造成极大的资源能源浪费。而大部分热电联产厂是为解决供暖所建，设备利用效率低，可以说是另一种形式的资源能源浪费。因此，任何一座城市，均应该结合当地电力供应侧的实际状况适当发展电采暖。当电热膜上覆厚度为3cm的水泥结合后，保证整个冬季全天室温在18℃时的夜间（23：00—7：00）用电比例占65%～70%，具有明显的用电削峰填谷作用。如果在水泥结合层中适当添加低温相变蓄热材料后（技术和产品均是成熟的），可以实现仅仅使用夜间电力用于全天供暖。

4）电采暖最利于行为节能。对于同样的围护结构条件，供暖能耗的高低主要取决于供暖系统的可控制性，即：节能在于可控。电采暖尤其电地暖，每个房间都设置有智能化温度控制器，从而形成独立的供暖单元，并可以按房间使用功能分时段、按需要控制温度，系统根据设置条件实现自动开/闭。在所有的供暖方式中，是行为节能最为彻底的。同时，也是最为灵活的供暖方式之一。

5）几乎没有维修维护和管理费用。对于按照国家相关标准经过严格设计、选材、施工、调试和验收的电采暖系统，在其寿命周期内几乎不用维护维修。与集中供热方式相比，没有管理费用，不存在收费难的问题。真正实现了"我的费用我做主"，也完全符合国家花大力气推广的供热计量改革和供暖商品化的大政方针。

6）初投资低运行成本也并不高。从包括"热源、控制系统到散热末端"的整个供暖系统的设备构成和占地、锅炉房以及采暖建筑物使用寿命周期内不同供暖系统投资进行经济性评价，电采暖系统的投资比集中供热以及其他多种采暖形式要低很多。至于用户的运行成本，从热负荷计算和能源转换效率以及控性的灵活性加上当地的能源价格是可以大概估计出的。目前不少用户反映电采暖耗电量大、运行成本高的主要原因是围护结构差和小马拉大车。因为在高能耗建筑中，尽管使用任何一种供暖方式都存在运行成本高的问题，但是对于独立的电采暖方式来说，对用户的影响显然比集中供热方式要大。因此，不少电采暖企业对于没有做外墙保温的建筑宁可放弃也不会承接设计使用的电采暖工程，以避免以后的诸多矛盾产生。事实上，北方供暖城市大量的电采暖运行结果表明，只要建筑物做了外墙保温，用户的冬季运行成本平均水平要低于集中供热收费，对于有峰谷电价政策的城市，运行成本明显低于集中供热收费标准。如果把电地暖所具有的体感温度高（高于散热器片供暖3～4℃）、远红外线的辐射热等其他特性，达到同样舒适度的电采暖的运行成本优势则更加明显。

（2）冶炼的工艺流程

电炉冶炼是利用电能获得冶金所要求的高温而进行的冶金生产。如电弧炉炼钢是通过石墨电极向电弧炼钢炉内输入电能，以电极端部和炉料之间发生的电弧为热源进行炼钢，可获得比用燃料供热更高的温度，且炉内气氛较易控制，对熔炼含有易氧化元素较多的钢种极为有利。熔盐电解是利用电能加热并转化为化学能，将某些金属的盐类熔融并作为电解质进行电解，自熔盐中还原金属，以提取和提纯金属的冶金过程，如铝、镁、钠、钽、铌的熔盐电解生产。水溶液电解是利用电能转化的化学能使溶液中的金属离子还原为金属析出，或使粗金属阳极经由溶液精炼沉积于阴极，如铜、铅的电解精炼。

例如：电解熔融 NaCl 可以得到金属钠，NaCl 在高温下熔融，并发生电离：

$$NaCl \longrightarrow Na^+ + Cl^-$$

通直流电后，阴极：$2Na^+ + 2e^- \longrightarrow 2Na$，阳极：$2Cl^- - 2e^- \longrightarrow Cl_2 \uparrow$

冶炼炉的种类

1）固定炉。固定炉是国内外采用最多的一种炉型，其特点是建在地面上不能移动，它与变压器配合有两种型式：一种是炉与变压器都固定；另一种是炉固定，变压器活动。不论哪种形式，每台变压器均需配 4~6 台炉。

2）活动炉。把炉建在平板车上，根据工艺流程需要进行移动，因此叫活动炉。

3）U 型炉。U 型炉是把炉芯布置成 U 字形的固定炉，开发于 20 世纪 70 年代。一个实际的炉长 36m，高 6.5m，变压器容量 15000kV·A，每台变压器配 4 台炉。

4）山型炉。这是一种露天设置的固定炉，设有端墙和侧墙，外貌是一座小山一样的料堆，故称山型炉。

（3）电窑炉

化工窑炉品种繁多，根据不同的标准有不同的分类方法。

1）按煅烧物料品种分类：可分为石灰窑、玻璃窑、搪瓷窑、陶瓷窑、水泥窑等。

2）按所生成的产品分类：可分为电石炉、磷炉、炭黑炉、活性炭炉等。

3）按工艺用途分类：可分为加热炉、熔化炉、气化炉、焙烧炉、热处理炉、干燥炉、裂解炉、转化炉等。

4）按热源分类：可分为电炉、煤气炉、煤炉、油炉、燃气炉等。

5）按窑炉的结构形式分类：可分为室式炉、开式炉、闭式炉、塔式炉等。

6）按热工制度分类：可分为恒温炉、变温炉、连续作业炉、间歇作业炉等。

电窑炉温控精度高、熔炼速度快，提高产品档次、经济效果好；节电效果明显、能耗低，没有废气排放，防止了空气污染，有利于环境保护，改善了职工劳动条件；投资少、人工成本低、占地少，辅助设备简单、易维修。

电窑炉的应用非常广泛，像陶瓷行业、金属熔化及加工，磁材生产，玻璃熔化及后续加工、材料的加工等。

电窑炉以电能为唯一能源，在高温下将玻璃熔化成玻璃液体并直接作为焦耳热效应的电导体，随后凭借玻璃液自身的导电性继续熔化。此时再向窑炉电极通电，玻璃液体便自动发挥导体作用，借助自身热量实现窑炉加热。玻璃液面覆盖着一层生料，其以上空间内温度为 $80\sim150℃$，所以玻璃液体导电过程中所生成的热量能被100%吸收，仅加热过程中由热气带走少量的热能，故而热效率和熔化率都十分高。据统计，电熔窑炉在生产中仅有20%左右的热量无谓散失，比燃油、燃气火焰炉节能率能提高至少25%。

电熔窑炉的推广使用符合国家环保产业政策及能源利用政策，燃油、燃气火焰炉在燃烧过程中必将排放大量的 CO_2、SO_2 和氨氮化合物等有害气体，污染环境。同时还会消耗大量的水，最终成为废水，如果不加处理直接排放，还将造成环境的再度污染。但电熔窑炉由于全过程只是用电能而基本不产生有害气体，每天所耗用的水量也在 10t 以内。

4. 电加热节能方法

（1）更换传统加热技术

在高频热处理设备中，采用高压硅堆及晶闸管调压装置对旧式高频热处理设备进行节能技术改造的具体办法如下：

1）拆除原真空闸流管、灯丝变压器及栅控变压器，以高压硅堆代替闸流管。

2）将晶闸管调压装置布置在阳极变压器一次侧（低压380V侧），采用晶管交流对称调压电路。

3）增加整流臂数，降低三次谐波电流幅值；增大导通角，减少谐波分量。在触发电路中，增加 RC 和 RLC 谐振吸收装置，增强抗干扰能力。

4）将高频设备的整流电路，以晶闸管取代闸流管进行调压，调压和控制部分都布置在阳极变压器一次侧（低压380V侧），它比闸流管布置在高压侧更安全且故障少。

（2）选择最合适的电子技术

在选择加热方式和采用电加热设备时，首先要考虑到合理用电、节约用电、计划用电的需要，一般在选择加热方式和设备时，应遵循如下原则：

1）在工艺技术条件允许情况下，应优先选用燃料直接燃烧作为热源进行加热。因为电是一种二次能源，在生产、转换和输送过程中，要产生一定损失。从一次能源利用角度看，火力发电厂发出的电能输送到用电单位时的一次能源利用率只有 28%~38%，经加热设备转换为热能使用后，折算的一次能源利用率只有 11%~28%。因此，只有在工艺条件，如温度要求、杂质含量、温度控制精确度等用其他热源不能满足要求时，才选用电加热方式。

2）在满足工艺要求条件下，应尽量选用直接加热方式，而不要选用间接加热方式。一般说来，直接加热方式的加热速度快，能量交换次数少，比间接加热方式要节省能源。如油漆干燥，用远红外直接加热烘干，比用热风烘干，一般可缩短烘干时间 80% 左右，降低电耗 50%~80%。

3）在满足工艺要求并进行技术经济比较后，依照下述原则，正确合理地选择电加热炉炉型：

对大批量、单一品种零件的加热，应首先考虑采用感应加热。

对小批量、多品种零件的加热，可选用箱式炉、井式炉等电阻加热方式。

对低温加热、薄层材料的加热，应优先考虑选用红外线加热方式。

（3）现代电子技术设备效率的提高

1）合理控制电流密度。提高电流密度，增加电解产品质量，是挖掘设备潜力，提高生产能力的一项增产措施。一般来说，在阳极极限电流以下，提高电流密度时，电极反应速度越快，单位电极面积上生产率越高，单位产品电耗下降，电流效率上升；与此同时，产品生产周期缩短，设备折旧费和维修费降低，有利于降低成本。但电流密度过高会产生新的不利因素，使电能消耗增大，产物的过电位上升，电极反应速度下降，导致电流效率降低。国内某厂氯碱槽，在电流密度升到 $17A/cm^2$ 以后，电流效率随电流密度上升而下降。

2）保持适宜的电解温度。电解过程溶解温度过高或过低对电解反应都是不利的，都会使电流效率越低。不同电解质溶解有着不同的最佳电解温度：如对铝电解槽测试结果表明，若温度高出工作指标 10℃，则电流效率下降 1%~2%；在氯碱工业中如温度低氯气溶解将引起副反应，使电流效率下降；温度太高溶液要沸腾，一般保持 95℃ 左右。所以选择适宜温度，加强温度监视和控制，是维持最佳电流效率的重要一环。

3）加强电解液成分的管理。电解液浓度泛指电解液中电解质的含量，以氯碱工业为例，对阴极室，注意加入阴极室的食盐溶液中 NaCl 含量（一般为 315g/L），Ca 离子中和 Mg 离子含量（不大于 5mg/L 等）。对阳极室，电解液浓度是指 NaOH 的浓度。实验表明，电解液浓度与电解效率有关。

4）保持平稳、连续供电。电化学反应是连续进行的，电解生产要求电流密度相对稳定，供电中断或经常变动电流密度都会引起槽内电解液的波动，电解温度受到影响，从而降低电流效率。

5）降低电解槽泄漏电流。标准规定：每个电解槽的泄漏电流应小于槽组电流的 0.1%~0.2%。防止泄漏电流必须确保电槽对地绝缘良好，电解槽对地支撑绝缘瓷瓶要保持清洁干燥，瓷瓶破裂损坏要及时调换，电解槽流出的电解液应间断，不让其连成一线。加强电槽设备管理，做到勤检查、勤操作、勤清扫，以便控制电流泄漏源。

6.2.3 空压机

1. 概述

空压机是空气压缩机的简称，是一种用以压缩气体的设备。压缩空气在工业领域有着广泛的应用，主要用于风动设备、风动工具、气体输送和吹扫等。压缩空气一般由厂区集中设置或各厂房分散设置的空压站提供。压缩空气系统的能耗约占工业生产总能耗的 10%~35%，其中压缩空气能耗的 96% 为空压机的耗电。由于螺杆式空压机具备供气范围跨度大，供气压力波动小等优点，一般工厂用空压机以螺杆式空压机为主。

空压机输入电能的有用功部分为压缩空气势能的增加，该部分约占输入功率的 15%；无用功部分为机械做功产生的热能，该部分约占输入功率的 85%。转换的热能中少量（约占输入功率的 3%~5%）为机壳的散热。此部分热量不能回收利用；转换热能的大部分（约占输入功率的 80%~82%）通过空气压缩机的冷却系统（风冷或水冷）最终散发到周围的环境中去，从而保证空气压缩机的正常运行，该部分的热量称之为余热，可以回收利用。根据上述分析，余热利用可以显著地提高能源的利用效率，降低能源的消耗和生产成本。

空压机的种类很多：

1）按工作原理可分为三大类：容积型空压机、动力型（速度型或透平型）空压机、热力型空压机。

2）按润滑方式可分为：无油空压机和机油润滑空压机。

3）按性能可分为：低噪音空压机、可变频空压机、防爆等空压机。

4）按用途可分为：冰箱用、空调用、制冷用、油田用、天然气加气站用、凿岩机用、风动工具、车辆制动用、门窗启闭用、纺织机械用、轮胎充气用、塑料机械用、矿用、船用、医用、喷砂喷漆用。

5）按型式可分为：固定式、移动式、封闭式。

螺杆空压机工作原理可分为 4 个过程（见图 6-7）：

（1）吸气过程

螺杆式空压机无进气与排气阀组，进气只靠一个自动调节阀的开启与关闭

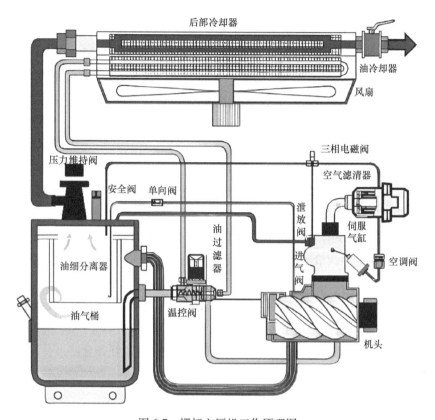

图 6-7　螺杆空压机工作原理图

调节。当主副转子的齿沟空间转至机壳进气端开口时，其空间最大，此时转子下方的齿沟空间与进气口的自由空间相通，因在排气时齿沟内的空气被全部排出，气排完时，齿沟处于真空状态，外界空气即被吸入，并沿轴向流入主副转子齿沟内。当空气充满了整个齿沟时，转子的进气侧端即转离了机壳之进气口，齿沟间的空气即被封闭，以上为"吸气过程"。

（2）封闭及输送过程

吸气终了时，主副转子齿峰会与机壳密封，齿沟内的空气不再外流，即"封闭过程"。两转子继续转动，其齿峰与齿沟在吸气端吻合，吻合面逐渐向排气端移动，即形成"输气过程"。

（3）压缩过程及喷油过程

在输送过程中，吻合面逐渐向排气端移动，即吻合面与排气口间的齿沟空间逐渐减小，齿沟内的空气逐渐被压缩，压力逐渐升高，即"压缩过程"。压缩的同时，润滑油亦因压差的作用被喷入压缩室内与空气混合。

（4）排气过程

当转子的排气口端面与机壳排气口相通时（此时气体压力最高），被压缩气体开始排气，直至齿峰与齿沟的吻合面移至机壳排气端端面，此时两转子的吻合面与机壳排气口之间的齿沟空间为零。即完成"排气过程"。与此同时，转子的吻合面与机壳进气口之间的齿沟长度又达到最长，由此开始一个新的压缩循环。

2. 空压机操作流程

空压机是不少企业主要的机械动力设备之一，保持空压机安全操作是非常必要的。严格执行空压机操作规程，不仅有助于延长空压机的使用寿命，而且能确保空压机操作人员安全，下面我们来了解一下空压机操作规程。

（1）在空压机操作前，应该注意以下五个问题：

1）保持油池中润滑油在标尺范围内，空压机操作前应检查注油器内的油量不应低于刻度线值。

2）检查各运动部位是否灵活，各联结部位是否紧固，润滑系统是否正常，电机及电器控制设备是否安全可靠。

3）空压机操作前应检查防护装置及安全附件是否完好齐全。

4）检查排气管路是否畅通。

5）接通水源，打开各进水阀，使冷却水畅通。

（2）空压机操作时应注意长期停用后首次起动前，必须盘车检查，注意有无撞击、卡住或响声异常等现象。

（3）机械必须在无载荷状态下起动，待空载运转情况正常后，再逐步使空气压缩机进入负荷运转。

（4）空压机操作时，正常运转后，应经常注意各种仪表读数，并随时予以调整。

（5）空压机操作中，还应检查下列情况：

1）电动机温度是否正常，各电表读数是否在规定的范围内。

2）各机件运行声音是否正常。

3）吸气阀盖是否发热，阀的声音是否正常。

4）空压机各种安全防护设备是否可靠。

（6）空压机操作2h后，需将油水分离器、中间冷却器、后冷却器内的油水排放一次，储风桶内油水每班排放一次。

（7）空压机操作中发现下列情况时，应立即停机，查明原因，并予以排除：

1）润滑油终断或冷却水终断。

2）水温突然升高或下降。

3）排气压力突然升高，安全阀失灵。

空压机操作动力部分须遵照内燃机的有关规定执行。

安装场所选择时应该注意下列因数：

1）空压机安装时，需宽阔采光良好的场所，以利操作与检修。

2）空气之相对湿度宜低，灰尘少，空气清净且通风良好，远离易燃易爆，有腐蚀性化学物品及有害的不安全的物品，避免靠近散发粉尘的场所。

3）空压机安装时，安装场所内的环境温度冬季应高于 5℃，夏季应低于 40℃，因为环境温度越高，空气压缩机排出温度越高，这会影响到压缩机的性能，必要时安装场所应设置通风或降温装置。

4）如果工厂环境较差，灰尘多，须加装前置过滤设备。

5）空压机安装场所内空压机机组宜单排布置。

6）预留通路，具备条件者可装设天车，以利维修保养空压机设备。

7）预留保养空间，空压机与墙之间至少须有 70cm 以上距离。

8）空压机离顶端空间距离至少 1m 以上。

3. 空压机节能

压缩空气系统的总的投入成本包括三大部分，即设备基本建设成本、设备日常运行维护保养成本和系统能耗成本。设备基本建设和日常维护保养的成本只占有压缩空气设备的整个寿命成本的很小部分，约占系统总成本的 25% 左右。而在通常运行情况下，压缩空气系统每年运行能耗成本约占系统寿命总成本的 75%，可见压缩空气系统的节能直接关系到企业的生产成本和投资效益，从而影响企业在行业中的竞争力。

目前，国内外关于空压机主要的节能技术有如下几个方面：压力流量控制技术、提高自身效率、中央集中控制系统、采用变频调速技术、压缩空气系统管路优化、热回收技术和压缩空气干燥工艺改进技术。

（1）压力流量控制技术

1）工作原理。由于用气设备及用气点很多，用气量随着生产负荷的波动，有时会出现瞬时用气量很大的情况，这通常会造成一个压缩空气系统管网压力波动很大。所有压缩空气系统都具有保证系统正常运行的最低压力，系统供气压力超过最低压力，那么系统将正常运行；供气压力再高则会导致系统耗气量和空压机能耗的增加。为了保证系统供气始终满足所有生产的正常运行，通常企业会抬高整个系统的供气压力，使系统压力波动的最低点在大负荷事件发生时仍然高于系统中最高用气压力设备的压力需求值。这就导致了在其他时段内系统供气压力高于系统实际的压力需求，系统耗气量也随之增加，最终使压缩机能耗增加。压力流量控制器安装于供气侧（空压站）和用气侧（用气设备）之间，其作用类似于水库出口的水坝。利用其前后的压力差和其上游配备的储气罐存储一定量的压缩空气，从而保证系统间歇，大用气量用户引起的系统压力波动，使系统在供应侧和需求侧之间达到动态平衡的同时，减少系统的放散，使系统耗气量最小。

2）技术特点。压力流量控制器可以使压缩空气系统在任何情况下的供气压力保持稳定，波动通常在±0.01MPa 范围内，而一般压缩空气系统的压力波动范围通常为±0.07MPa，有的甚至超过±0.3MPa。这样可以减少系统人为虚假用气量和系统泄漏量，提高系统储气能力和供气可靠性。

3）适用对象。适用于压力波动大的系统，对于用气设备现场无减压控制的系统效果更好。

（2）提高自身效率

1）技术原理。提高空压机自身的运行效率是保持压缩空气系统高效运行的最基本的要求，主要是通过对现有空压机的组成部件进行周期性保养或用高效机组替换原有机组的方式来达到。根据产品供应商要求对现有机组及时地进行保养，对于维持机组的高效运行非常关键。判断压缩机是否得到很好维护的最好办法就是定期测试压缩机的运行功率、排气压力和流量，如果空压机在一定的排气压力和流量情况下功率消耗增加了，则表明其效率已经下降。目前随着压缩机技术的不断进步，空压机效率也在逐步提高，如双级螺杆式空气压缩机和离心式空气压缩机。企业可以考虑在进行产品更新时选择效率比较高的空压机，则会达到非常好的节能效果。

2）技术特点。采用提高空压机自身效率的方法来提高整个压缩空气系统的运行效率，比较简单易行。

3）适用对象。对系统进行定期保养来保持空压机高效运行，适用于任何机组。企业对一些老的空压机进行更新换代时，更适宜用高效机组替代老的机组。

（3）中央集中控制系统

1）技术原理。空压机中央控制系统就是根据系统压力和需求变化，通过中央控制系统的分析来控制不同容量和控制方式的空压机的启动/停止、上载/下载和容积变化等，确保系统一直有合适数量和容量的空压机处于运行状态，维持系统供气压力的稳定和整个系统高效运行。

2）技术特点。空压机中央控制系统的特点是技术含量高，可以协调控制整个空压机系统的高效运行。与人为控制空压机的运行相比，压力控制精度更高，对于系统需求变换做出反应的时间更及时，可靠性更高。

3）适用对象。空压机中央控制系统特别适合于多台空压机同时运行的场合，如果系统负荷变化范围越大，节能效果越明显。

（4）采用变频调速技术

1）技术原理。空压机变频调速技术目前主要应用于螺杆式空压机中，变频器控制通常低速启动，系统正常运行时，变频器通过检测安装在系统中（通常在干储气罐）的压力传感器信号，作为变频器恒压调节的反馈量，与变频器内的设定压力值相比较，经过计算得出变频器所需频率信号，自动调节电机转速，达到所需压力。当系统检测点的压力低于设定压力时，变频器输出频率升至50Hz，空压机电机转速达到最高。当变频器控制电机转速达到最低，但系统压力还高于设定值时，空压机开始下载。通常在安装变频控制器后，系统原有的各项保护功能（如水压、油压过低保护等）及故障报警、运行状态显示、手动/自动运行等功能仍起作用，可以实现工频和变频运行之间的切换。与离心式风机、水泵不同，空压机属于恒转矩，其功率与转速并非成 3 次方关系，而是近似 1 次方的关系。

2）技术特点。每个压缩空气系统的负荷都是不断变化的，这就意味着每个压缩空气系统中至少有一台空压机处于调节状态，螺杆式空压机的卸载功率通常为其加载功率的 30% ~ 40%。对现有处于部分负载状态的空压机进行变频控制，不但可以节省空压机的空载功耗，还可以维持系统供气压力的稳定，减少系统虚假负荷和泄漏量，提高系统供气可靠性。

3）适用对象。空压机变频技术改造目前主要应用于螺杆式空压机的改造，特别是喷油螺杆空压机。需要注意的是，与水泵和风机变频不同，在一个不同容量的多台空压机并联运行系统中，通常只对一台空压机进行变频改造即可，但由于有的压缩空气系统的负荷变化范围比较大，对哪台空压机进行变频改造需要对系统负荷特性进行全面的测试评估后才能决定。如果出现了选择性错误，则很难达到预期的效果。

（5）压缩空气系统管路优化

1）技术原理。一个设计合理的压缩空气系统，管路系统的压力降不应该超过工作压力的 1.5%。管路改造是指通过全面的系统测试，找出系统管路配置不合理的地方，从而加以改进。常见的改进方法有：将支路布置的管线改为环路布置管线、将局部阻力偏大的管线优化等。由于空压机排气压力每增加0.1MPa，其功耗将会增加约 7%。如果系统某部分管段存在阻力偏大问题，使系统压降增大 0.1MPa，没有仪器测试，很难察觉问题所在，企业常用的方法是将系统压力提高 0.1MPa。如果将这部分管路优化，则系统供气压力就可以相应降低 0.1MPa，整个系统的节能率就会达到 7% 以上。

2）技术特点。管路改造需要在对系统管路压力梯度进行全面测试分析的基础上进行，一旦问题找到后，改造起来比较简单。

3）适用对象。适用于任何压缩空气系统，特别是用户突然发现某一生产设备用气压力不足时。

（6）热回收技术

1）节能原理。空气在压缩过程中会产生大量的高温热量，为了提高压缩机的工作效率，大部分热量随冷却水被排放掉，造成大量的能量损耗。压缩空气系统的余热回收可以采用一些技术措施和必要的设备，比如采用压缩机热泵以及换热设备，将空气压缩过程中产生的高温热量充分地利用起来，作为辅助采暖、工业工艺加热、锅炉补水的预热和生活用水等方面。实践证明：通过合理改进，50%~90% 的热能可以回收利用。

2）技术特点。热回收可以充分利用空压机原来完全浪费掉的能量，至于回收方法可以根据每个企业不同的需求和条件进行。

3）适用对象。适用于风冷式螺杆式空压机和水冷式空压机。

（7）压缩空气干燥工艺改进技术

1）技术原理。当空气被压缩时，空气当中的任何物质也同时被压缩，包括固态颗粒、碳水化合物蒸汽、化学物质蒸汽以及水蒸汽等。如果环境空气当中的污染物不能从压缩空气当中清除，那么这些污染物将凝聚在使用压缩空气的空分系统内和设备中。压缩空气干燥的主要目的是根据不同工艺对压缩空气的露点需求对压缩空气进行冷冻干燥、再生干燥、吸收干燥，从而保证生产的正常进行。压缩空气干燥工艺改进主要有两种：一种是根据压缩空气系统的实际需求，选择合理的干燥工艺对其进行处理。比如，对于压力露点只需 0~5℃ 的压缩空气系统，选择冷冻式干燥处理最为合适，不要盲目追求低露点而选择无热再生干燥处理。另一种是通过改进干燥工艺以较少的能源消耗达到相同的压缩空气露点需求，如将无热再生干燥改为无热微风干燥，干燥压缩空气的耗气量将会减少 10% 以上。

2）技术特点。将再生干燥改为冷冻干燥使得压缩空气露点由 -40℃ 变为 5℃ 左右，通过更改系统的压力露点指标达到节能目的。将无热再生干燥改为无热微风干燥，使得压缩空气露点不变，但空气耗气量减少 10% 以上，通过改进工艺达到节能的目的。

3）适用对象。将再生干燥改为冷冻干燥，适用于生产需要的压力露点为

5℃左右的情况，改进前要慎重，需要对系统所有需求进行全面细致调研。通过改进干燥工艺以较少的能源消耗达到相同的压缩空气露点需求，特别适用于企业原来使用无热再生干燥工艺的情况。

由上可总结得，压缩空气系统的节能应该从三个层面考虑：

①机组性能的提高，包括压缩机本体优化设计和压缩机系统的调节技术以及辅助设备技术的改进；②压缩空气系统的管网设计、运行参数的匹配以及日常管理和维护；③先进节能技术的使用，比如压力流量控制技术、空压机集中控制技术和空压机余热回收技术等。具体改造方法还要视具体情况而定。

6.2.4　风机水泵

1. 概述

风机（见图6-8）是依靠输入的机械能，提高气体压力并排送气体的机械，它是一种从动的流体机械。风机是中国对气体压缩和气体输送机械的习惯简称，通常所说的风机包括通风机，鼓风机，风力发电机。风机广泛用于工厂、矿井、隧道、冷却塔、车辆、船舶和建筑物的通风、排尘和冷却，锅炉和工业炉窑的通风和引风；空气调节设备和家用电器设备中的冷却和通风；谷物的烘干和选送，风洞风源和气垫船的充气和推进等。

水泵（见图6-9）是输送液体或使液体增压的机械。它将原动机的机械能或其他外部能量传送给液体，使液体能量增加，主要用来输送液体包括水、油、酸碱液、乳化液、悬乳液和液态金属等。也可输送液体、气体混合物以及含悬浮固体物的液体。水泵性能的技术参数有流量、吸程、扬程、轴功率、水功率、效率等，根据不同的工作原理可分为容积水泵、叶片泵等类型。容积泵是利用

图 6-8　风机图片

图 6-9　水泵图片

其工作室容积的变化来传递能量；叶片泵是利用回转叶片与水的相互作用来传递能量，有离心泵、轴流泵和混流泵等类型。

火电厂的各类辅机设备中，风机、水泵类设备占了绝大部分，锅炉的四大风机（送风机、引风机、一次风机、气再循环风机）的总耗电量约占机组发电量的 2%~3%，风机、水泵耗电率约占厂用电率的 50% 以上，蕴藏着巨大的节能潜力。随着火电装机容量的迅速扩大，火电机组的调峰力度也不断加大，机组的负荷变化范围很大，必须实时调节风机转速、水泵的流量，尤其是水泵的流量。随着社会用电需求量升高与机组新建扩容不相匹配，加之用电安全性、可靠性需求提高，机组分配利用小时较低，如果平均负荷低，循环泵耗电率随之升高较明显。给水泵同样也受此影响，耗电率会升高；随着煤炭市场的变化，火电企业煤质受煤质变差的影响；为提高风压，风机等耗电率也有所升高。

2. 风机水泵节能技术

在工业生产中，电能是重要的能源，其中电动机用电量所占比例比较大，风机和水泵设备占用电总量的 1/3。现阶段在风机和水泵使用中，一些单位采用调节挡风板或阀门开启的方式来调节气体流量和压力，这种方式相对来说容易造成电能的浪费，不能很好地促进工业的发展。随着科技的不断发展，变频技术不断在完善，在各个行业的应用越来越广泛，可以更好地实现节能效果。

在风机和水泵的运行中，流量控制方式为通过调节管路中阀门开关，来对流量进行控制。

如图 6-10 所示，曲线 R_2 为水泵在定转速下满负荷时，阀门全部打开运行的阻力特性。曲线 R_1 为部分负荷的时候，阀门部分开启时阻力特性。

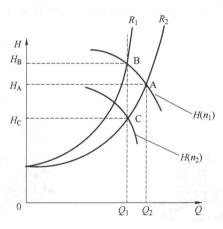

图 6-10　水泵（风机）的 H-Q 关系曲线

曲线 $H(n_1)$ 为风机在额定转速 n_1 下的风压风量特性，曲线 $H(n_2)$ 为变频运行特性。在水泵和风机的使用中，在应用阀门进行控制的时候，流量从 Q_2 减少到 Q_1，阻力从 R_2 移动到 R_1，风压从 H_A 移动到 H_B。如图 6-11 所示，在水泵和风机的使用中，流量 Q_1 时，阀门的控制功率为 P_B，而通过变频调速控制的时候，功率为 P_C。所节省的功率为 $P = P_B - P_C$。

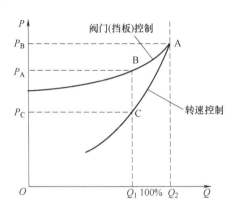

图 6-11　水泵（风机）的 *P-Q* 关系曲线图

由流体力学可知，风量与转速的一次方成正比，风压 H 与转速的二次方成正比，轴功率与转速的三次方成正比。采用变频器进行调速，当风量下降到 80% 时，转速也下降到 80%；而轴功率将下降到额定功率的 51.2%，如果风量下降到 60%，轴功率可下降到额定功率的 21.6%，当然还需要考虑由于转速降低会引起的效率降低及附加控制装置的效率影响等。即使这样，这个节能数字也是很可观的，因此在装有风机水泵的机械中，采用转速控制方式来调节风量或流量，在节能上是个有效的方法。

在水泵和风机的使用中，如果电机采用直接起动，起动电流等于 5 倍额定电流，会对供电电网造成一定冲击，同时所产生的振动也会对挡板和阀门造成比较大影响，降低电气设备的使用寿命。通过变频调速技术的应用，可以实现软起动电流，不会超过额定电流，会在很大程度上降低对电网的冲击，达到节约电能消耗的目的，延长电气设备的使用寿命。

由上可知，在水泵和风机的使用中，通过变频调速技术应用，可以达到节能运行效果，而且效果显著，可以很好地提升设备效率、减少设备维护费用，更好地促进我国工业的发展。

第 **7** 章

商业模式

7.1 概述

近年来，"云大物移智链"技术和新能源交易模式的出现，使我国能源综合服务发展十分迅速。传统能源产业如电力公司、电力设计院、燃气公司、节能服务公司等一系列产业领域内的主体，都做出统筹布局，希望朝着综合能源服务的方向来进行转型与升级。综合能源服务项目涉及的商业发展方式非常多，对于这种项目，传统商业模式并未获得显著的应用成效，所以对新型的商业发展模式进行研究亟待加强。

总体来说，综合能源服务有两层含义：第一层次是指综合能源，涵盖多种能源，包括电力、燃气和冷热；第二层次是指综合服务，包括工程服务、投资服务和运营服务，并强调综合能源服务包含资金、资源和技术三要素。

在电力体制深化改革与能源变革的背景下，对于综合能源开发运营模式及运行机制的研究是一种必然趋势，具有十分重要的意义。

7.2 开发模式

综合能源服务的商业开发模式不同于传统能源服务，可以针对不同需求的用户提供不同的能源服务。这样可以使用户自由选择所需的服务，分享能源改革的收益。综合能源服务的典型发展模式主要包括以下几个方面。

7.2.1 合同能源管理

是一种面向市场的节能服务机制，通过共享来降低能源成本，从而回收投资获取利润。这类节能投资模式鼓舞并支持客户通过对将来的节能利润进行利用，进而对设施予以更新和改造，基于此来达到减少运作成本的目的；同时，还可由综合能源服务企业通过对总体能源支出进行承包亦或是对节能收益进行许诺等诸多形式，使用户能够享受到优质化的节能服务。合约能源管理存在四类形式，具体如图 7-1 所示。

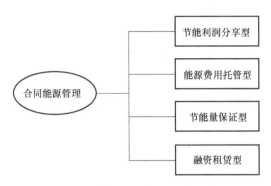

图 7-1　合约能源管理四类形式

1）节能利润分享型：在这种模式之下，综合能源服务企业主要是供应资金与服务的主体，通过客户的参与协助，共同对综合能源技术升级项目进行贯彻执行，在合约存续期间和用户通过协商的比重来对节能利润进行共享；在合约到达期限之后，项目利润与所有权由客户持有，客户的现金流始终是正的。这种类型模式的关键在于节能效益的确认、测量、计算方法要写入合同。为减少面临的支付风险，客户可对综合能源服务企业供应多元化、多维度的节能利润支付保障。

2）能源费用托管型：在这种合约类别之下，主要是客户委任综合能源服务企业来提供投资，基于此对能源体系做出有效的节能升级，并实施高效的运作管控。根据两方协商的结果，把这种能源体系的资源费用交付于综合能源服务企业来负责管控，而综合能源服务企业对节省下来的资源费用享有所有权，在项目合约到期之后，由综合能源服务企业将技术装备无条件交付于客户，自此之后所形成的一系列节能利润都为客户所有。

3）节能量保证型：综合能源服务公司与用户协商其中一方或双方共同出资，综合能源服务公司提供全过程服务并保证项目节能效果。按合同规定，用户向综合能源服务企业缴纳一定的服务费。倘若项目并未实现许诺的节能量，那么根据合约条款，综合能源服务企业必须负担一定的责任并赔偿相应的经济亏损。倘若节能量和许诺的规模对比超出甚远，那么综合能源服务企业应当和客户依据协商的比重，对一些超出承诺的节能利润进行共享。在项目合约期满之后，综合能源设施要无条件地交付于客户进行运用，同时自此之后形成的所有节能利润应当为客户所有。

4）融资租赁型：融资企业投入资金来对节能服务企业所开发出的节能设施与提供的节能服务进行购置和消费，把节能设施承租于客户运用，参考合约规定的期限对客户征收一定的租赁费。在此过程里，节能服务企业主要承担着对客户能源体系予以升级与优化，同时在合约存续期间动态化地检验节能量，确保节能获得良好成效的职能。项目合约期满之后，融资企业应当把节能装备无条件交付于客户进行应用，同时后期形成的所有节能利润应当为客户所有。

7.2.2 能源托管方式

能源托管方式主要是和托管行业领域所提出的能源消费托管服务节能制度独立而言的一种崭新模式，主要致力于为用户提供专家型的能源服务。

能源托管重心主要体现在管理，目的在于对客户供应优质、高效的能源价值服务，包含两种类型：全托管类型和半托管类型。就前者而言，具体内容涉及对设施运作与监管、保养维护、监测是否达到环保标准、维系平时资源需求、经营和运作成本支出等方面的管控，最后将能源交付于用户运用。就后者而言，具体内容涉及常规设施运作管理、保养与维护等诸多方面。

7.2.3 设备租赁方式

设备租赁方式是设备所有人将设备租赁给设备使用人（如租赁公司）并支付一定租金，在租赁期内享有设备使用权而不改变设施所有权的新型交换模式。设施租赁可被划分成两种类型：经营租赁和融资租赁。它的实现形式与渠道包含下面五类：

1）直接融资租赁。依据承租公司所做出的选择与决策，由设施制造商来对所需设施进行购置，同时把设施租赁于承租公司进行利用。在到达租赁期限之后，承租公司拥有设施的所有权。这种模式主要对固定资产大型装备购买与消费、公司技术改良与优化、设施更新与升级具备普遍适用性。

2）售后回租。承租公司参考实际的公允价值，把全部设施售卖于租赁者，接着通过融资的模式，由承租者对设施进行租赁。就法定关系而言，租赁者享有设施所有权，而实际上设施获得的收益与存在的风险主要是承租公司进行负责。这种模式对流动资金明显匮乏的公司、自持资金明显匮乏，然而存在新型投资项目的公司、内部存在升值空间较大资产的公司具备普遍适用性。

3）联合租赁。租赁者和其他存在租赁资质的单位都充当着联合出租者的角色，协同通过融资租赁这一有效手段把设施租赁于承租公司。通常来说，战略合作者是租赁企业、财务企业以及其他诸多存在租赁资质的单位。

4）转租赁。具体指的是将同个物品作为标的物所衍生出的新型的融资租赁业务。在这类业务模式里，租赁者主要通过其他出租者来对租赁物予以承租，接着采用转租的形式交付于承租者，第一出租者享有对租赁物的全部所有权。在这种租赁方式之下，对彰显专业优势大有裨益，同时可以显著地降低关联交易出现的概率。

5）融资租赁。通过租赁两方对租赁的时间期限与彼此承担的付费义务加以确认，出租一方主要根据要求来供应相关设施，同时通过租金这一有效手段对设施的所有资金进行回笼，出租方无需负担设施的性能保障、维修保养等一系列责任。

7.2.4 BOT 模式

建设-经营-转让（Building-Operating-Transfer，BOT）模式属于一项常见的能源综合服务投资模式，综合能源服务企业不但要负责承建综合能源中心，同时对该中心的设施持有所有权，而且需要承担着运作管理的职能。在项目合约到达期限之后，可以根据协议价把能源中心出让给客户。出让之后的运作管理一方面可通过受让者来自主实施管控；另一方面还可通过委托的形式，由出让者来实施运营与管理，但在这一情形下，需要缴纳一些服务管理费。这种方式之下，又可被细分成三类：①独立投资型；②多方投资型；③合作投资型。

7.2.5 BOO 模式

建设-拥有-经营（Building-Owning-Operation，BOO）模式主要指的是由政府（或企业）授权的综合能源服务商投资建设新的或升级的综合能源项目，能源价格由价格主管部门确定，再由综合能源服务商与用能客户签订供需合同，提供综合能源服务。这种方式可以最大限度地鼓励综合能源服务商从项目全寿命周期的角度合理建设和经营以提高服务质量，降低项目总体成本，提高经营效率。

7.2.6 PPP 模式

政府和社会资本合作（Public-Private-Partnership，PPP）模式是指政府（或企业）与综合能源服务提供者在基于特许协议的前提下，就公共基础设施建设与服务方面构建密切协作联系，同时建立共同分担风险、共同分享收益的商业合作体系。

就能源产业领域而言，对 PPP 模式加以运用的时候，具体体现在三种类型的项目上：首先是电力建设项目以及新能源项目，比如电力能源供给与配电网升级改造、微电网项目建造与升级、核电设施开发和服务、乡村地区电网升级项目、分布式资源发电项目、智能电网项目、充电设备建造运作项目等；其次是天然气类型与石油化工类型的项目，比如天然气储备基础设备建设、城市配气管网与储气设备建设项目、油气管线建设项目等；最后是煤炭类相关项目，比如煤气发电项目、煤层气输气管网项目等。PPP 模式可以有效控制资源和资金的高效利用，降低项目实施过程中的投资风险，更好地保护双方利益。

随着能源互联网的发展，B2B（Business-to-Business，电网公司与节能设施生产制造厂家、电力营销企业、工业园区、能源服务供应商、综合能源服务供应商之间的互动）、B2C（Business-to-Customer，电网公司或综合能源公司与用户之间的互动），C2C（Customer-to-Customer 用户交互）和 Online-to-Online（线上线下交互）可能会成为综合能源服务未来应用最多的开发模式。这种模式可以极大地降低用能成本，为用能客户提供个性化的服务，同时可以促进各市场主体之间的信息交流，拓展市场潜力。

7.3　运营模式

对于能源综合服务所涉及的基础业务形式，可由能源供给侧与消费侧两点切入，借助信息物理体系以及能源传播网络体系，达到能源流、信息流和价值流的交换与互动，综合能源管理平台和信息增值服务。目前综合能源服务主要有以下几种运营方式。

7.3.1　增量配网利润分配方式

所涉及的业务类别具体包含以下四方面。

（1）供配电服务

这类服务指的是增量配网业主对于电力客户所供应的一系列基本服务，具体来说服务包含对配电网络进行投资建设、运作管理、合理调度、保养和维修、升级和改造等一系列服务。

（2）售电业务

在开展相关售电业务过程中，售电企业可和电力客户通过商讨的形式来对电力能源在市场里普遍的交易价格予以明确，同时无需被配电地区所约束，能够自由购电。

（3）增值服务

对增量配网业主而言，可通过付费的形式对客户供应一系列增值服务，具体服务内容包含对客户供应电能使用计划、电设施运作和维护、电力能源节约与增效、智能化使用电能、综合能源服务等一系列服务项目。

（4）保底供电服务

现阶段增量配网以商业领域与工业领域的电力用户提供服务为主；针对普通民众、公益服务、国家公共事业、农业等一系列用电领域，主要根据各个地区的目录营销电价来进行贯彻实施。

7.3.2　配售一体化模式

拥有配电网资产的综合性配电公司从售电和配电网业务中获取利润。在企业配电网运作与管理的范畴之中，用电客户可和配售电企业签署合约，来使用电能资源，企业在对输电网运营商付费用电以外，其余收益可由企业所有，在将购买电能投入的成本、建设配网所投入的资金和运作管理成本扣掉之外，企业可以得到配电收益与售电收益；倘若用电客户和其他售电企业签署了电能使用合约，那么企业仅仅征收配电费，基于此来得到配电收益。

7.3.3　综合能源服务模式

综合能源服务提供商提供电、燃气和热力、冷水等服务中的若干或全部能源服务。用户可以单独与综合能源服务商签订能源消费合同，也可以使用综合能源服务商提供的综合能源套餐。

7.3.4　配售一体化和综合能源服务相结合的模式

在这一模式之下，主要由综合能源服务商来贯彻实施各项配售电业务，并为用户提供能源增值服务。

一方面，综合能源服务商在开展售电业务过程中，能够由市场化形式的协议购电里获得一定的收益，与此同时，能够由集中竞价交易过程里得到发电侧以及购电侧两者所存在的利差收益。除此以外，也能够得到电力客户所提供的需求信息数据。从另一个角度，还将用户的用电数据作为有力支持，基于此使用户能够获得运作维护、节能升级、效能监测、定期检修等一系列综合用电服务。这样不但可以使用电客户的用电品质得以提升，增加用户的忠诚度与信赖度，而且能够由获利空间较大的服务类业务里得到越来越多的收益。

7.3.5 虚拟电厂营销方式

在广阔的范畴与空间之中来建设虚拟电厂，主要将持有数量庞大的分布式可再生能源发电设施的所有控制权、获得可再生资源的市场化营销制度及精度、效度较高的软件核算方式、拥有分布式储能设施等装备作为重要的基础与前提，同时依附于这种虚拟电厂所具有的电力共享池体系来提供全新、领先的售电方式。这一新型的营销方式对各种分布式能源进行聚合、优化控制和管理，使参与电力共享池的客户可以彼此方便、高效地对电力进行交易，且利用彼此所持有的分布式储能设施，使分布式可再生能源的电力利用率达到最高，同时为电网提供调频、调峰等辅助服务，减少外购电，从而显著降低用电成本。

7.4 综合能源服务运行机制

能源对经济社会发展和人民生产生活影响巨大。在实现社会发展全面目标的过程中，现有的能源格局和能源结构将发生颠覆性改变，能源行业的开发运营及盈利模式也将面临巨大冲击。要实现社会绿色低碳高效发展，综合能源服务的发展必不可少，健全的制度和运行机制对其至关重要。

能源服务综合市场的形成离不开经营机制的完善。在综合能源服务的不同领域，必须建立完善的运行机制，包括供求机制，竞争机制和价格机制、进入和退出机制，以确保综合能源服务市场体系的健康高效运行。

（1）政府有关部门可以根据市场规律、用户需求和企业特点的要求，研究制定能源综合服务协议示范文本；协议应当明确各方责任、投资（管理）义务，综合能源产品和服务价格、应急处理、奖惩制度和违约责任。可以尝试将终端销售与管网分开，打破捆绑销售模式。

（2）通过 BOT、TOT 和 BOO 等特许经营模式，积极提升综合能源服务的专业化水平。为避免采取此模式后的资产转移问题，特许经营期内的资产投资由政府负责，企业取得经营管理权，或者在协议中明确约定资产转移。

（3）根据综合能源服务的特点，突出服务协议的具体内容，从而使综合能源服务商向客户提供产品和服务，按照技术、安全等要求，明确售电主体条件，规范市场准入、环境保护、节能标准和社会责任。可与地方政府合作，利用其采购平台开展招投标工作，根据项目具体情况试行竞争性谈判方式，确定有实力、有责任感的市场主体。主要包括：

1）公司的性质（如集团公司或集团授权的子公司）。

2）申报企业不存在不诚信行为。工程实施过程中，不得出现工程移交、未按期施工、验收不合格等不良现象。以国家信用体系失信名单或行业黑名单等为准。

3）申报企业的总资产和净资产。

4）申报企业所属综合能源建设经营业绩和业绩门槛标准。

5）申报企业应当承诺整个项目建设和运营期不发生变更和转移。

6）根据国家有关法律法规的要求，申请人应分阶段缴纳申请阶段保证金和施工期履约保证金。

（4）政府可以利用各种产权和股权市场，为企业提供多元化、规范化、市场化的解决方案，确定企业的退出机制，确保项目的持续稳定运行。可用的特定退出方法包括以下五种：

1）到期移交。到期移交主要用于 BOT 模式，但是它也包括一些其他模式，例如 BT 模式等。资产到期转移通常是指注册资本在获得投资资本和合理利润后达到一定的经营期限后，可以无偿转让，完成整个项目的经营，政府或业主收到资产后进行维护和经营。

2）所有权转让。政府可以通过锁定期和股权受让人的主体资格限制项目所有权的变更。项目合同可以约定，未经政府批准，项目公司及其母公司在一定期限内不得变更项目所有权。

3）所有权回购。约定的回购指的是以下事实：在签署项目时，每个投资者均书面承诺，投资者将在约定的时限内履行其回购义务，实现现有综合能源服务商有退出。

4）资产证券化。项目建成并正常运行一段时间后，建立了合理的投资回报机制，产生了稳定持续的现金流量，可以进行资产证券化。资产证券化募集资金可用于能源综合服务商退出。

5）售后回租。作为综合服务项目的一部分，可以出售回租和租赁项目资产，而租赁公司要支付相应的价格。在项目运营期间，项目支出和政府补助用于支付租金。在运营期结束时，租赁公司以名义价格将资产的所有权转让给综合能源服务商，再由其移交给政府或业主，综合能源服务商退出。

当前互联网信息技术、可再生能源技术和电力改革进程不断加快，开展综合能源服务已成为能源企业实现传统产业模式战略转型、降低用能成本、实现绿色低碳高效发展的重要方向之一。本文分析了综合能源服务的开发和运营模式，并对其运行机制的建立提供了建议。

在综合能源服务这一蓝海市场，企业应抓住当前能源革命有利时机，积极推行综合能源服务市场化机制和新型商业模式，推动公司转型，以培育新的利润增长点和产业态，提升用户服务能力，促进综合能源服务高质量发展。

第**8**章

综合能源信息化平台建设

8.1 信息平台建设

在建设能源互联网、智能电网的大背景下，公共建筑能源使用已成为政府、电力企业、社会各界关注的热点。我国公共建筑的能源使用智能化程度普遍不高，能源使用过程中存在许多不合理之处。目前建筑能耗约占我国全社会能源消耗的1/3，随着经济快速发展，我国建筑体总量和能耗强度还在持续增长。国家发展改革委、住房和城乡建设部、工信部等主管部门相继出台相关政策推行能源监控、能效管理等工作。与此同时，建筑能耗监测、设备智能化控制等信息化平台纷纷诞生，但是目前在建系统多以监测分析为主、各自独立，在安全用能管理、系统自动化运行、能效水平提升等方面存在不足。

综合能源信息化是指利用物联网、大数据、人工智能、云计算等信息技术，以控制技术和网络通信技术为基础，结合建筑物的功能特点，采取相应的"控制策略"对建筑内的各类机电设备进行集散式的监视、控制。同时利用先进的管理软件，搭配能效管理系统、设备智能化控制系统，帮助建筑进行节能降本，提升建筑智能化管理水平，最终全面实现对建筑设备的综合管理和能源利用。

8.1.1 平台建设原则

在平台的建设中，充分考虑现有建筑的实际情况与未来建筑能源使用的延展性，在构建运维标准、数据规范的基础上，建立基于物联网技术（Internet of Thing, IoT）相关联的综合能源管理平台，集成数据基础与数据编码系统，完成各模块子系统数据、业务的集成与整合，解决建筑能源管理与设备运维中遇到的核心问题，实现安全、管理、成本、品质等多维度的平衡，打造一体化的综合能源管理平台，综合提升综合能源服务水平满意度，帮助实现建筑运维管理数字化转型，为综合能源服务提供更加全面的支撑。

综合能源一体化平台在技术层面上是一个迭代式开发框架，使各设备和子系统既能做到有机的统一，又能做到无依赖的迭代开发，还能做到无依赖的部署和删除。

平台可用于单个建筑和多个建筑，解决建筑相关的所有机电和运维信息化、自动化的需求。

平台的部署方式并非只能本地架设服务器。既可以选择本地架设服务器，也可以选择云端租用服务器，还可以选择混合本地和云端进行部署。可以按自己的使用需求自由划分各子系统的部署方式。

平台中的各业务子系统、各功能组件可以以任何顺序，先后或独立部署于本地或云端。各业务子系统信息互通，业务模型统一，做到设备、人员、空间所使用的身份识别文件（Identity Document，ID）都全局统一，任何子系统的使用者可以很容易地上手其他的子系统。对于设备、人员、空间的管理和权限，全平台所有子系统统一风格。

平台提供统一的数据字典和录入工具，人员、设备、空间均要求统一编码。

平台提供全系统联动机制，一个子系统中产生的业务数据，在相关的子系统中均能联动对应的业务流程。如设备产生告警，能联动触发建筑物信息模型（Building Information Modeling，BIM）中对应房间和设备的告警、闪烁，能触发设备管理系统中对应的设备故障工单。

平台在业务层功能之上，提供决策层功能。即针对业务数据的分析，产生对领导层的决策支持。

平台上的各业务子系统全面支持多维度（安全、服务、质量、人员、报告等）分析抽取，决策支持时可以用其中的任意维度抽取数据对时间、空间、人员、设备等分析对比。

1. 能感知

第五代移动通信技术+人工智能（5G+AI）的万物互联：基础数据自动采集采用面向服务的架构，覆盖建筑所涉及的一百多种传感器和测试设备，运用技术手段使设备互联、互操作成为可能，打通了物理设备/空间与业务，有助于提高运维效率和效果。再结合大数据、云计算、人工智能的发展，使得计算机处理数据的能力得到数量级的增长，众多辅助决策、辅助手段成为可能。

2. 有思维

综合能源管理平台：基于人工智能算法的多种训练模型形成各类运维策略，合理利用资源，提高经济效益；优化工作流程，提高工作效率；深化细节管理，提高工作质量；提供决策依据，提高管理水平；了解运维情况，实施节能手段。朝向建筑运维的整体目标，更安全、更高效、更高品质、更低成本，终端反馈数据作为支撑并分析，持续不断优化运维流程，精进建筑运维整体效率。

3. 建体系

AI 体系支持：平台的安全保障体系应以自动报警、安全防范为基础，建立一系列自动化或半自动化运维流程，同时支持紧急及灾害状况下的应急指挥。AI 体系支撑包括动力系统（电力、蒸汽、冷热、压力等）、空调通风系统（温度、换气、洁净度、正负压等）和给排水、电梯等范围。分步将最符合建筑自身特点的各流程体系按照基准对标、需求分析、辅助设计、流程植入、验证优化切实落实下去。

4. 可执行

高效执行：高效的执行是保证建筑运维业务高效运转、流程持续优化的有力保障，基于平台运维中心的应用过程，建立使用部门与后勤服务部门便捷高效的沟通渠道，结合平台的大数据分析以及人工智能等先进技术的分析手段，实时现场监控，即时给出后勤服务调度更新策略，对于问题反馈可以做到可反馈、可跟踪，实现真正的闭关管理，持续精进。

8.1.2　平台架构设计

平台的功能自下而上由五个层次（见图 8-1）组成，包括底层基础支撑层（技术层）、中间的业务应用层、末端的业务执行层、顶层的决策管理层和交互展示层。为统一展示、管理和交互，融合建筑的多业务模块，统一数据编码和人员管理，同时提供三种不同的人机交互方式，更加直观、便捷和高效地进行平台的使用和管理。对于平台自身，要支持云端和本地级的部署，支持系统的大容量、高并发、可扩展、高可用、可伸缩能力，同时能够以数据为中心，驱动业务的流转、联动、增值。

1. 基础支撑层（技术层）

运用云技术、基础设施即服务（Infrastructure as a Service，IaaS）、IoT 等技术手段，通过制定统一的数据交互标准、统一各类别数据建模，实现人员角色、权限模型、设备模型、告警分级、发布推送、语音协作、空间划分、大数据中心等数据建模，打破各单一业务模块的壁垒，让大数据在全系统中高效地流转及运转，从而为管理层的数据分析及运维决策、优化目标打下坚实基础。

（1）IoT 物联网技术：使用 IoT 采集网关采集各类仪表、传感器、摄像头等设备数据上送至数据中心，使用 IoT 管理系统管理各网关、仪表、传感器、摄像

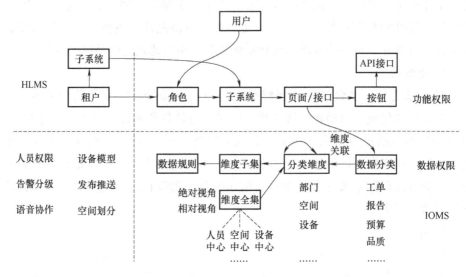

图 8-1　平台基础支撑层框架图

头的配置参数。

（2）网络环境：提供设备数据的传输环境，保证数据传输的高效稳定。

（3）IaaS：即基础设施即服务，提供对所有计算基础设施的利用，包括处理 CPU、内存、存储、网络和其他基本的计算资源，并提供云端数据的存储、计算、监控，提供离线计算、弹性计算功能等，是大数据的分析引擎。

1）人员权限：将建筑后勤相关的组织结构、人员信息、角色权限等信息做统一的管理和维护。根据业务的类型提供相应的数据，确保对该数据最小化的授权使用，明确权限规则，同时确保隐私信息。

2）设备模型：管理和维护各种建筑设备的基础信息、维修信息、保养信息、折旧信息、报废信息等，为设备的全生命周期管理提供依据。

3）告警分级：在合理评估告警严重程度的基础上，确保通知合适的运维人员，对于快速有效解决事件至关重要。

4）发布推送：实现各子系统之间信息的分发与推送，以及对外实现短信、应用内通知消息等统一接口。

5）语音协作（见图 8-2）：提供人工智能语音处理模块，通过统一的接口，为平台或其他业务子系统提供语音识别、文本转语音、中文分词等人工智能增值服务。

6）空间划分（见图 8-3）：统一管理和维护建筑物的建筑和空间分配信息，包括空间分布、区域划分等，完成对象的定位、统计分析以及和其他子系统的联动。

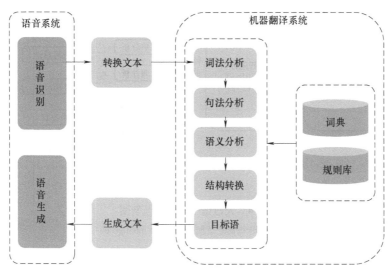

图 8-2　语音协作系统框架图

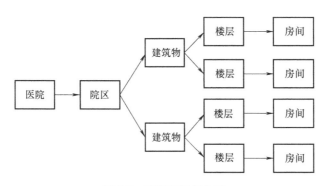

图 8-3　医院空间划分图

7）大数据中心（见图 8-4）：将业务层和第三方所提供的数据进行 ETL 即
将数据从来源端经过抽取（extract）、转换（transform）、加载（load）至目的端
后形成统一的数据标准，汇聚拉通后形成数据中心，计算各类分析指标，充分
挖掘数据价值，对外输出数据服务。

2. 业务层

依赖于基础支撑层提供的基础能力，完成业务子系统的接入、运行和监控，
并为上层运维决策层提供必要的数据；同时各子系统之间，通过服务支撑层完
成互通和联动。

业务层包括建筑最核心的业务模块，如机电运维、设备管理、能源管理、
综合监控等业务模块。

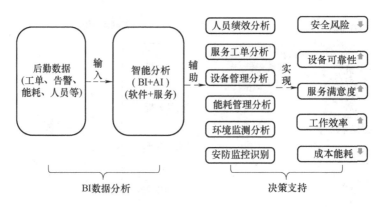

图 8-4 大数据中心系统框架图

注：图中 BI 指商务智能（business intelligence）

所有的业务流程都基于服务和数据：

服务：类似于企业服务总线（Enterprise Service Bus，ESB），负责对各种通用基础能力进行服务编排、协议转换，对各业务系统提供统一的服务调用接口，同时对服务状态、调用过程进行监控，形成审计日志。此外，还可以管理各业务系统的角色权限，实现业务系统单点登录、访问鉴权。

数据：是各业务系统与数据中心的数据交换网关，可使用全量批处理+增量抽取的方式从各业务系统按规则采集数据，在对数据进行清洗、转换后保存入数据中心，同时监控各业务系统的数据质量。各业务系统需按数据网关标准向网关开放数据全量批处理、增量抽取接口。

3. 执行层（见图 8-5）

依据各业务流程制定标准的规章管理制度及标准业务流程，确保线下执行层在执行过程中有章可循，规范操作业务的专业性及高效性。

通过对执行过程中的数据进行采集、存储、处理和分析，收集大量的建筑运维数据，经过不同维度和业态的数据分析，实现建筑后勤各专业子系统的行业标准规范，将本建筑的数据和行业标准进行对标，发现其优势和存在的差距。进一步对数据进行钻取，找到关键改进点，帮助建筑逐步提高运维的效率和水平。例如通过对工单系统的数据分析，支撑对运维人员的指导意见。

4. 管理层

根据综合能源管理平台和各后勤业务系统采集的数据，按照建筑的运维管理要求，进行抽象、分析和汇总，以不同的维度帮助建筑进行后勤业务的决策支撑，具体包括：

报表工具：支持自定义报表，可开发报表表单，根据平台数据中心的数据

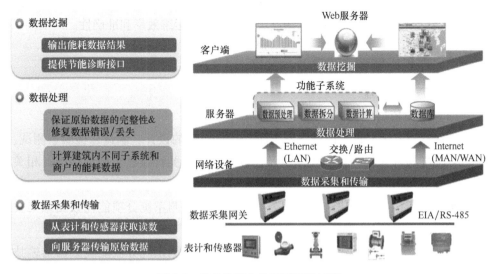

图 8-5　信息化平台执行层运行过程

指标生成建筑领导层需要的各种报告和分析报表。

运维分析：以多维度（时间、空间、人员、事件、设备、费用）分析法为主思想，建筑可从多个主维度相关的领域给出不同的条件，按照建筑设定的格式生成相应的结果分析，并产出报告文本。

建设顾问：通过对建筑运维数据的分析，特别是设备全生命周期的数据分析，为建筑的运维系统设计施工、设备采购提供建议，降低后续改造的成本。

评价中心：收集使用部门对各子系统的反馈和评价信息，提取关键字感知建筑运维业务短板，有针对性地改进意见，帮助后勤运维人员不断提升服务质量。

5. 展示层

交互展示层包括 WEB 网站、APP 端、BIM 门户、微信公众号四部分，可与建筑现有的门户网站进行集成。

WEB 网站：通过 WEB 门户用户可以使用平台的各项功能，查看建筑运维的各项业务运行情况，能够高效完成日常的管理维护工作。

APP 端：利用手机随身携带的特点，提供了建筑运维业务移动办公的轻量化工具，使用户能够随时随地地处理工作，实时快捷地响应任务流程，查看建筑运维数据指标，掌握建筑运维最新动态。

BIM 门户：通过三维立体化方式，对建筑进行直观展示，可实现建筑空间可视化、室外管网可视化、资产可视化、设备可视化、管线可视化、告警可视化、人员可视化、作业可视化，并能实现空间设备的快速定位、故障和应急预案的动态模拟、应急处置的过程调度，大大提高了运维效率和准确性。

8.1.3 子系统模块

1. 能源管理系统

（1）建设依据

能源管理系统的设计以及本系统所有提供设备的设计、制造、检验、测试、验收等标准均符合国际标准化组织及国际、国内相关行业已实施的标准。相关标准和规范包括但不限于：

◆《国家机关办公建筑和大型公共建筑能耗监测系统分项能耗数据采集技术导则》

◆《国家机关办公建筑和大型公共建筑能耗监测系统分项能耗数据传输技术导则》

◆《国家机关办公建筑和大型公共建筑能耗监测系统楼宇分项计量设计安装技术导则》

◆《国家机关办公建筑和大型公共建筑能耗监测系统建设、验收与运行管理规范》

◆《国家机关办公建筑和大型公共建筑能耗监测系统软件开发指导说明书》

◆《国家机关办公建筑和大型公共建筑能源审计导则》

◆《公共建筑能耗远程监测系统技术规程》（JGJ/T 285—2014）

◆《公共建筑节能设计标准》（GB 50189—2015）

◆《智慧建筑设计标准》（GB 50314—2015）

◆《绿色建筑评价标准》（GB/T 50378—2019）

◆《中华人民共和国行政区划代码》（GB/T 2260—2007）

◆《多功能电能表通信协议》（DL/T 645—2007）

◆《户用计量仪表数据传输技术条件》（CJ/T 188—2018）

◆《基于 Modbus 协议的工业自动化网络规范》（GB/T 19582—2008）

◆《节能监测技术通则》（GB/T 15316—2009）

◆《自动化仪表工程施工及质量验收规范》（GB 50093—2013）

◆《大楼通信综合布线系统》（YD/T 926—2009）

（2）建设原则

1）标准性原则

能源管理系统建设过程中，遵循《公共建筑能耗远程监测系统技术规程》（JGJ/T 285—2014）的相关要求，满足公共建筑实际需求并符合国家卫生健康委员会和国家住房和城乡建设部的标准要求。

2）先进性原则

系统在设计思想、系统架构、采用技术、选用平台上均具有一定的先进性、前瞻性、扩充性，具有先进水平的分析模型和应用模型，为以后功能扩充打下基础。

3）实用性原则

遵循技术导则的同时，符合公共建筑的能耗现状和管理模式，尽可能用简单、统一、可靠、易于使用的方式来实现，避免追求片面的复杂和完美。

软件操作是"傻瓜型"，简单、易于操作；同时提供强大的软件功能，供系统维护人员使用。

智能仪表、数据网关、能耗监管中心等核心设备选择国内知名品牌，性能可靠。

4）可扩展性原则

系统采用开放性协议，兼容各种符合技术导则要求的电表、水表等标准化设备。

系统具有良好的接口和方便的二次开发工具，以便系统不断地扩充、求精和完善，更方便公共建筑将来各类数字化系统建设的无缝接入。

5）安全性原则

访问安全：可通过设置系统访问权限实现，可配置角色和用户，可设置角色、用户的页面访问权限、位置区域或功能区域访问权限；用户登录时根据所授权的权限访问系统相应的内容。

数据安全：数据保存采用三级数据保存机制，保证数据安全；数据传输采用数据包加密压缩方式，加密口令可由上下级数据中心约定，保证传输安全，还具有系统数据定期备份和灾难恢复机制。

6）整合利用已有资源的原则

整合利用已有资源的原则，优化方案降低成本。尽可能利用公共建筑现有网络资源，在公共建筑现有网络条件不具备的情况下，采用无线或敷设专用网络的方式完成；计量终端尽量利用已有的表具和设备。

7）经济性原则

在满足功能需求的前提下提高经济性，充分考虑降低初期建设投资、运行费用和维护费用。硬件设备选用性价比高，具有很高的可靠性和较长的使用寿命。

（3）系统结构（见图8-6）

系统采用分层、分布式系统结构，纵向分为三层：监控层、通信网络层和现场控制层。系统使用高可靠性工业控制计算机及软硬件系统，高性能的现场总线技术及网络通信技术，整个系统运行安全、稳定可靠，使用维护方便。

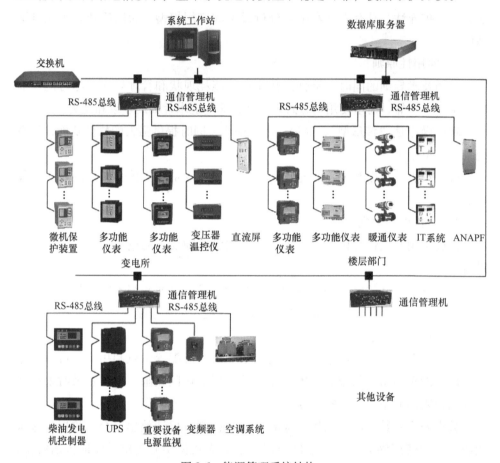

图 8-6　能源管理系统结构

监控层包含监控计算机、数据服务器、网络交换机、打印机、不间断电源（Uninterruptible Power Supply，UPS）以及能源管理软件，用于管理公共建筑的能源统计、用能安全、运行监视以及设备管理的运维中心。

通信网络层包括通信管理机、光电转换器、数据采集箱以及通信光纤网络等设备。

现场控制层包括安装在现场的微机保护装置、多功能仪表、漏电探测器等。此外系统还可以接入公共建筑信息技术（Information Technology，IT）配电系统、柴油发电机控制柜、空调系统、变频器、UPS等重要设备，发生异常情况时及时发出告警信号。现场控制层设备通过 RS485 现场总线方式接入通信管理机，采用 MODBUS-RTU 规约。通信管理机把采集到的现场控制层设备信息经过分析处理后转换成以太网，接入监控计算机。

（4）能耗模型

根据《公共建筑能耗远程监测系统技术规程》（JGJ/T 285—2014）的要求，建立建筑能耗模型，如图 8-7 所示。

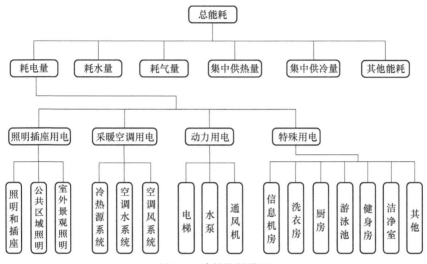

图 8-7　建筑能耗模型

能耗模型中各节点定义见表 8-1。

表 8-1　能耗模型中各节点定义

节点名称	节点定义
耗电量	建筑物消耗的总电能
耗气量	建筑物消耗的总燃气量
耗水量	建筑物消耗的总水量
集中供热量	建筑物消耗的外供总热量
集中供冷量	建筑物消耗的外供总冷量
其他能耗	建筑物其他方式的能源消耗，包括燃油、蒸汽等
照明插座用电（分项能耗）	主要功能区域的照明、插座等室内设备用电的总和
照明和插座	建筑物房间内照明灯具和从插座取电的室内设备，包括计算机、打印机等办公设备和风机盘管、分体空调等没有单独供电回路的空调设备等

(续)

节点名称	节点定义
公共区域照明	供走廊、大堂等公共区域的灯具照明和应急照明等
室外景观照明	建筑室外的照明灯具、室外景观等
空调用电	为建筑物提供空调、采暖服务的设备用电
动力用电	电梯、给排水泵、非空调设备通风、其他动力设备用电
电梯	包括货梯、客梯、消防梯、扶梯及其附属的机房专用空调等设备的用电
水泵	除空调采暖系统和消防系统以外的所有水泵,包括自来水加压泵/给水泵、生活热水泵、排污泵、中水泵等
非空调通风机	除空调采暖系统和消防系统以外的风机,包括地下室通风机、车库通风机、厕所排风机等
特殊用电	特殊区域用电是指不属于建筑物常规功能的用电设备的耗电量,特殊用电的特点是能耗密度高、占总电耗比重大的用电区域及设备

(5) 系统功能能耗模型中各节点定义

1) 电能质量分析

对电能质量比较敏感的回路可以安装电能质量监测仪表,并通过系统界面反映回路的电能质量,包括谐波畸变率、功率因数、三相不平衡、电压合格率统计等。

2) 运行报表

系统具有实时电力参数和历史电力参数的存储和管理功能,所有实时采集的数据、顺序事件记录等均可保存到数据库,在查询界面中能够自定义需要查询的参数、指定时间或选择查询最近更新的记录数据等,并通过报表方式显示出来。

3) 重要设备运行监视

系统对变压器、柴油发电机、UPS 的运行状态进行实时监视,用曲线显示其运行趋势,包括变压器负荷率及损耗、柴油发电机待机状态、UPS 工作状态、电池电压、报警信息等,方便运行维护人员及时掌握运行水平和用电需求,确保供电安全可靠性。

4) 漏电电流监测

系统实时采集配电回路漏电电流和线缆温度,当漏电电流或者线缆温度越限时,可以通过系统或者手机短信发出报警信号,通知运维人员及时处理隐患,保障生命财产安全。

5）消防设备电源监测

系统实时采集重要消防设备的工作电源以及开关状态，当消防设备电源出现失电压、低电压等异常情况时，可通过系统或手机短信发出报警信号。

6）实时报警

系统具有实时报警功能，系统能够对配电回路断路器、隔离开关、接地开关分、合动作等遥信变位，保护动作、事故跳闸，以及电压、电流、功率、功率因数越限等事件进行实时监测，并根据事件等级发出告警。系统报警时自动弹出实时报警窗口，并发出声音或语音提醒。

7）数据可视化

系统根据建筑分布图，直观显示每栋建筑的能源消耗状况，并直接给出能源成本、新能源收益、节能对比情况。

8）区域能耗统计

系统可以按照区域对能耗进行统计区分，比如不同建筑、同一建筑的不同楼层、同一楼层的不同功能分区等。

9）回路用能分析

系统对一些主要回路用能可进行曲线图、柱状图、饼图分析，并可以进行同比、环比分析，有助于发现用能趋势。

10）分项用能分析

系统按照标准要求，对建筑的用能按照照明插座、空调用电、动力用电和特殊用电进行统计分析，以饼图、柱状图方式进行对比统计。

11）通信状态图

系统支持实时监视接入系统的各设备的通信状态，能够完整地显示整个系统网络结构；可在线诊断设备通信状态，发生网络异常时能自动在界面上显示故障设备或元件及其故障部位，从而方便运行维护人员实时掌握现场各设备的通信状态，及时维护出现异常的设备，保证系统的稳定运行。

12）开放的系统扩展功能

系统支持 Modbus-RTU、Modbus/TCP 等多种标准协议的数据转发，具备后期对非标准规约协议的开发接入，使得所有智能设备都能无缝接入系统；支持工业 OPC 接口、ADO 接口、ODBC 接口等与其他系统（如 BA 系统）进行数据交换，实现与第三方系统的数据共享。

2. 设备全生命周期管理系统

通过建设设备管理系统，为建筑建立预防性维护保养体系，可以避免灾难或重大事故的发生（见图 8-8），大大降低故障率，减少社会负面影响，使用户获取可观的经济效益。同时，降低运行成本，提高设备运行效率，有效节约能源，实现更大的管理价值。

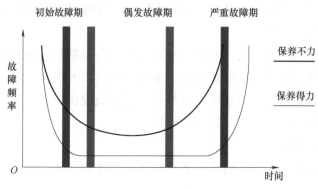

图 8-8　保养对不同故障影响

1）降低故障率，减少社会负面影响

预防性维护保养能有效降低故障的发生，通常可以降低 60%～70% 的故障率。预防性维护保养能将因事故或故障引发的死亡、伤害、环境损害等风险发生的可能性降低为零或者接近于零。

2）提高设备运行效率

预防性维护保养的实施，能够有效降低设备的故障率，延长设备使用寿命，提高设备运行效率。

3）管理制度的建立

结合对建筑大型机电设备的全生命周期管理，将预防性维护工作在平台中编制成可落实的具体方案，为维护人员提供预防性维护的计划时间、具体工作内容、维护方法及故障解决方案等全流程的管理服务。

并在此基础上对故障发生的事前、事中及事后三个阶段（见图 8-9）进行统一管理：

1）事前：基于策略的预防性维护，提供相应的预防性维护方案。

2）事中：基于数据的状态检修及完善的维修解决方案及流程。

3）事后：基于缺陷的故障检修及保障事件的可追溯。

设备管理模块具备以下功能：

1）提供一套设备、空间编码标准体系，建立建筑暖通/空调、电梯、供配电、消防、给排水等全类别设备和空间的标准编码，形成设备、空间管理台账，实现对设备的二维码管理。

2）根据使用人员的不同，展示不同的内容，区分管理人员与业务执行人员。

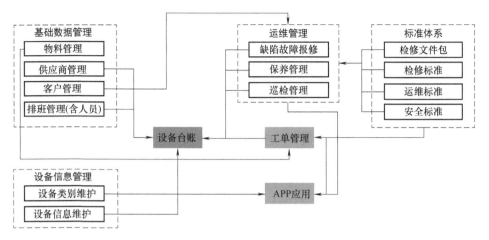

图 8-9　故障发生过程

3）提供故障报修、自动派单、工单处理、工单验收、工单评价、工单查询分析等功能。

4）工单与设备监控集成，支持根据设备告警等级的配置，自动生成工单，并分派人员处理。

5）支持巡检路线编制，并自动生成巡检任务推送给巡检人员执行。

6）支持保养计划编制，并自动生成保养任务推送给保养人员执行。

7）可以对运维人员进行排班，支持运维人员查询各自的排班情况。

8）建立运维管理标准知识库，形成设备故障库、检修标准库、标准工单等，支持在工单处理过程中可直接引用标准工单。

9）提供数据统计分析和自动报表功能，实现对人员绩效工时、工单任务统计、工单费用统计、工单满意度等多方面的统计分析和自动报表。

8.1.4　建设原则

1. 管理原则

1）设备管理系统改变了信息传递的方式，使设备管理组织结构扁平化，打破了设备管理部门之间的界限。

2）规范设备运维的业务流程，使作业流程有章可循，有据可查。通过灵活定义业务流程，充分发挥工作流程对设备管理的有效控制，使建筑后勤部门可以按照统一、标准、自动化的业务流程工作，实现环环相扣、责任明确。

3）通过设备管理系统的应用可以增强对外包单位的管理能力，设备管理人员通过信息系统了解外包供应商的维修质量和维修成本信息。通过对历史维修信息的对比分析，和不同外包单位的对比分析，得到外包单位的服务水平。

4）提高整体管理水平，利用设备管理系统建立良好的管理规范和管理流程，构建扎实的管理基础。通过设备管理系统，部门之间的沟通、员工之间的协调更加容易、迅速，提高工作效率和协作效率。

2. 经济原则

1）使备件需求数量准确，降低库存量：设备管理系统对备品备件的库存及使用量实时监控、管理，将设备运行与库存、采购等业务信息联系起来，将设备运维过程中对备件的需求及时反馈，同时最大限度地降低备件的存放天数和库存数量。

2）从采购源头开始控制，降低采购成本：根据设备运维过程管理数据、设备报废提醒，制定采购计划，保证了采购的计划性和科学性。

3）通过设备管理系统的应用可以增强对供应商的议价能力，业务人员通过设备管理系统了解供应商供货的信息、设备制造厂家的相关信息。通过对历史供货信息和设备使用信息的对比分析，以及不同供应商的对比分析，针对不同的供应商采取不同的控制手段。

3. 集成原则

1）通过原始数据共享使设备管理部门和设备使用部门之间传递的信息一致，减轻工作人员的工作量。

2）通过对设备生命周期各项内容进行一体化管理，使管理层能及时了解设备各项状态，有效防止设备闲置、受损、流失、挪用，加强设备的总体控制，从而有效地提高设备投资回报率，降低设备维护费用。

3）能够把设备管理中的实物管理和价值管理两条主线融为一体，当设备业务发生或设备状况改变时，设备信息能自动更新，生成能同时反映设备实物状态与价值状况的设备台账。

4. 决策原则

实时掌握建筑所有设备的业务数据信息，设备管理部门能够实时查询某个设备的使用情况；也能够一次性查询统计公司所有设备的总体情况，为快速决策提供依据。信息—决策—行为三者高度集成化和所有部门工作于同一种设备数据，极大增强了设备管理决策者的信息处理能力和部门间的合作效率。

8.1.5　系统结构

设备管理系统全面打通设备相关的业务管理流程，实现设备生命周期立体管控、设备设施全基础信息统一管理、大数据分析及管理优化。

设备管理系统分为决策中心、知识中心和业务中心三部分（见图8-10）。决

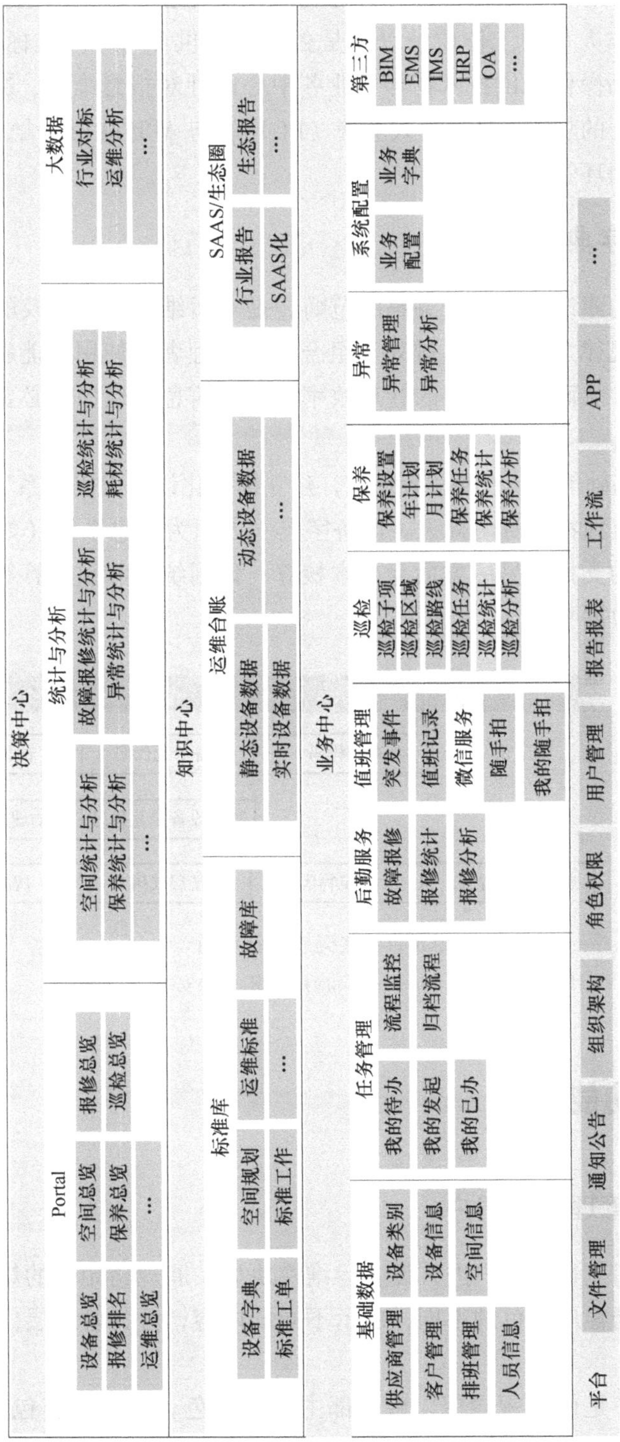

决策中心

Portal：设备总览　报修总览　空间总览　保养总览　巡检总览　运维总览　…

统计与分析：空间统计与分析　故障报修统计与分析　巡检统计与分析　保养统计与分析　异常统计与分析　耗材统计与分析　…

大数据：行业对标　运维分析　…

知识中心

标准库：空间规划　运维标准　标准工作　…

故障库

运维台账：静态设备数据　动态设备数据　实时设备数据　…

SAAS/生态圈：行业报告　SAAS化　生态报告　…

业务中心

基础数据：供应商管理　设备类别　客户管理　设备信息　排班管理　空间信息　人员信息

任务管理：我的待办　流程监控　我的发起　归档流程　我的已办

后勤服务：故障报修　报修统计　报修分析

值班管理：突发事件　值班记录　微信服务　随手拍　我的随手拍

巡检：巡检子项　巡检区域　巡检路线　巡检任务　巡检统计　巡检分析

保养：保养设置　年计划　月计划　保养任务　保养统计　保养分析

异常管理：异常分析

系统配置：业务配置　业务字典

第三方：BIM　EMS　IMS　HRP　OA　…

平台：文件管理　通知公告　组织架构　角色权限　用户管理　报告报表　工作流　APP　…

图 8-10　软件功能架构

策中心提供业务总览、数据统计分析等功能，为管理分析提供数据支撑；知识
中心为现场工作人员的工作质量以及是否达标提供参考，沉淀标准业务数据，
为新员工的现场操作提供技术指导；业务中心即针对报修维修、巡检保养等各
项运维业务展开的功能设计，个人电脑（PC）端与APP端相结合，使设备运维
快速、高效、闭环管理。

8.1.6　数据字典

数据字典的建设属于信息编码的范畴，是对运维过程中涉及的大量设备类
信息按照一定规律进行归纳、排列和组合，使管理者和使用者能够快速、有效
地检索、定位，从而提高运维的管理效率，并为信息管理提供必要的基础数据
的支持。

根据设备基础信息、设备位置信息，建立标准化设备编码体系（见图8-11），
使每个设备具有独特的身份标识。设备字典一方面为信息系统（如ERP）的建
立提供强有力的支撑；另一方面为成本核算、计划统计和预决算等管理工作提
供良好的基础数据平台。

图 8-11　代码表达示意图

1—工艺相关标识　2—实际应用标识　3—安装位置标识

8.2　系统功能

8.2.1　设备管理系统门户

设备管理门户是指用户进入设备运维模块后，展现给用户的第一个功能界
面。该界面根据客户角色的不同，展示不同的内容，分为管理层门户和业务层
门户两种。

管理层门户是面对领导层、后勤部主任等角色。门户内容包括我的待办、
通知公告、工单总览、考核排名、巡检纵览、保养总览几大版块的内容。

业务层门户是面对报修人员、检修人员、巡检人员等业务层用户。门户支持不同用户，不同的查看、查询、追溯权限、版块的自由拖拽、版块的增加等功能。

8.2.2　运维标准工单

系统将建立运维管理标准知识库，形成设备故障库、检修标准库、标准工单等，支持在工单处理过程中可直接引用标准工单，生成工单资源计划和标准。

8.2.3　报修工单管理

报修工单管理在现有报修系统的基础上，结合原有的业务处理流程，通过信息化手段，增加手机 APP 功能，实现报修工单的全流程跟踪，并通过对数据的提取分析，自动生成统计报告，为月度绩效分析提供数据支撑。

报修工单管理功能包括：故障报修、自动派单、工单处理、工单验收、工单评价、工单查询分析等功能。

1. 故障报修

缺陷故障报修用于设备设施发生故障时进行报修登记，包含后勤设备和办公设备设施的报修等操作。

故障报修支持电话报修、系统报修和手机 APP 报修等多种报修方式。报修时可以提供现场图片或视频，方便检修人员快速判断故障原因，提前准备需要的工具、物料及备品备件等材料。

故障报修支持扫描设备二维码的方式发起快速报修（设备二维码在设备台账中生成）。具体方式如下：

电话报修：由报修人员直接拨打报修中心电话，报修中心人员按照报修情况在系统中进行报修登记，并进行报修派单处理。

系统报修：由报修人员直接使用电脑登录后勤信息化平台，通过故障报修功能登记报修信息，并提交报修中心进行报修派单处理。

手机 APP 报修：由报修人员使用手机通过后勤信息化平台 APP，直接对故障设备进行拍照报修，并提交报修中心进行报修派单处理。

2. 报修派单

报修派单主要用于报修中心人员对报修工单进行确认和派工操作。工单与设备监控集成，支持根据设备告警等级的配置，自动生成工单，并分派人员处理，支持自动派单。

报修工单在派单过程中，派单人员可以制定工单资源计划，如需要领料计划、工单工时计划等。

支持建立运维管理标准知识库，形成设备故障库、检修标准库、标准工单等，支持在工单处理过程中直接引用标准工作或者标准工单，生成工单资源计划和标准。

报修工单分加急和正常两类，针对加急的工单在派单后会有加急标志，提醒检修人员尽快处理。

3. 工单处理

工单处理主要是针对检修人员，检修人员进入系统后，可以看到所有派单给自己的工单，并能够查看到期望解决时间、设备位置、设备、缺陷故障现象等一系列基本信息。

检修人员根据基本信息进行判断，是否要接单。如果觉得可以检修，就进行接单确认，同时需要填写检修需要的各种资源，如需要领料情况、工时计划情况等，数据填报完成后，进行检修工作，数据状态将会有变化。如果判断不能检修，则退回调度中心，进行重新派单，并填写原因和建议等说明。

当检修人员完成任务后，进行工单反馈，需要填报实际使用的各种资源、人力工时、物资、备件等，可以对修好的进行图片及视频上传。

当所有信息填写完成后，数据自动流转到调度中心进行验收（根据现场管理情况而定），继而流传到报修人员，进入待评价，24h 不评价，自动默认全部5 星好评。

工单在处理过程中如果因现场或者备品备件等原因导致暂时无法进行检修工作，可以对工单进行挂起申请，管理员审核后就可以将此工单暂时挂起。在现场条件具备后再取消挂起，继续进行工单处理。

工单处理支持系统和手机 APP 两种方式，检修人员可以通过手机快速进行工单的接单、反馈等操作，方便检修人员开展现场工作。

通过对检修人员接单时间和反馈时间的汇总计算，实现工单工时的统计分析。

通过对工单领用材料的统计，实现对检修耗材的统计和成本分析。

4. 工单验收

工单验收功能主要用于调度中心根据检修人员的反馈情况对工单进行验收，确保报修工单已经检修完毕。同时，在验收过程中对工单的工时、领料情况进行核查，确保工单信息准确、完整。同时可提供数据统计分析和自动报表功能，实现对人员绩效工时、工单任务统计、工单费用统计、工单满意度等多方面的统计分析和自动报表。

5. 我的报修

"我的报修"功能用于查看报修人员所有的报修数据和每条数据的基本信息及所在的环节状态。

对于处理完成的报修单，报修人可以对工单进行评价。评价等级分为 1~5 星，1 星最差，5 星最好。如果 24h 后报修人未进行评价，系统将自动默认为 5 星好评。

"我的报修"查看支持系统和手机 APP 两种方式，在电脑和手机上都可以随时查看报修单的处理情况。

8.2.4　巡检管理

每一台设备的工况、运行时间和所处的环境条件不同，其发生异常状况的频率和时段也会呈现出不同的特点。周期性地对设备设施进行巡视检查，可以减少事故和故障的发生几率，避免更大的经济损失。

巡检管理按照"定设备、定标准、定周期、定路线和定责任人"的五定原则进行设计，实现设备设施巡检管理的周期化、标准化。

巡检管理包含：巡检分类、巡检类型、巡检项、巡检区域、巡检路线、巡检任务等功能。

（1）巡检分类

巡检分类管理用于将巡检进行分类划分，满足不同类设备巡检的分类管理。

（2）巡检类型

用于对巡检类型的划分管理。一个分类下面，可以有多个类型，支持多层次类型划分。

巡检类型管理通过树形结构的方式展示，方便用户对巡检类型进行管理。

（3）巡检项

巡检项是组成巡检路线中的最小单元。在巡检项中支持配置巡检项目的检查内容和检查方法，以及各项检查结果的判定标准和标准参考值。

在制定巡检路线时可以直接引用巡检项目和巡检区域，由多个巡检项目组成巡检区域，多个巡检区域组成巡检路线。

（4）巡检区域

用于巡检区域的基本信息维护。巡检区域为一组巡检项的集合。

支持区域二维码管理，通过巡检区域管理功能生成区域二维码，并打印张贴在所属区域，在巡检任务执行时可以通过扫描二维码的方式进行巡检反馈操作。

（5）巡检路线

用于定义巡检路线，巡检区域定义好后，即可定义巡检路线。巡检路线包括巡检路线定义和巡检任务的生成。

在制定巡检路线时，可以同时制定巡检的工序、安全措施和所需要的工器具、备品备件、工时等情况。

支持制定巡检路线的巡检周期和启动时间范围。巡检周期分为天、周、月、年。可以根据巡检路线的重要程度和标准要求设定对应的周期。启动时间范围用于在启动时间范围内自动生成巡检任务，其他时间不再生成对应路线的巡检任务。

巡检路线设置完毕后需要对巡检路线进行审核，审核批准后即可发布执行。

（6）巡检任务

巡检线路审核发布后，根据巡检路线的定义，自动生成巡检任务，在巡检任务中展示。巡检任务执行功能默认显示的是当前日期、当前用户所对应的当前班次的巡检任务。巡检统计分析的对象是全部的巡检事项。

巡检人员在对应的时间自动接收到巡检任务，开始开展巡检任务。

巡检任务的执行支持系统和手机 APP 两种方式。在巡检过程中可以通过使用手机 APP 扫描区域的二维码快速反馈该巡检区域巡检项的巡检情况。

在巡检路线中所有巡检项全部反馈结束后，可以提交巡检路线任务，完成该项巡检任务。在提交巡检路线任务时，需要反馈在巡检过程中使用的工器具、耗材和工时等信息。

在巡检过程中如果发现设备异常可以直接发起报修单，启动设备报修工单流程。

8.2.5 保养管理

保养管理是依据设备设施的生命周期、设计要求、运行环境、运行时间所设计制定的。按照时间节点和维修、维护保养的项目，将保养计划分为年计划和月计划，并根据保养计划自动生成保养任务，进行保养工作的执行。

保养管理包含：保养分类、保养类型、保养计划、保养任务等功能。

（1）保养分类

保养分类管理用于将保养进行分类划分，满足不同类设备保养的分类管理。

（2）保养类型

用于对保养类型的划分管理。一个分类下面，可以有多个类型，支持多层次类型划分。

保养类型管理通过树形结构的方式展示，方便用户对保养类型进行管理。

（3）保养计划

保养计划由年度保养计划和月度保养计划组成。保养计划是指需要定期执行的重复性工作，一般情况下保养工作的触发条件是基于时间周期触发。通过保养计划管理，对保养的工作进行维护，定期触发，并下达到相关执行班组或人员的"待办任务"。

在制定保养计划时可以同时制定保养的工序、安全措施和所需要的工器具、备品备件、工时等情况。

支持制定保养计划的保养周期。保养周期分为天、周、月、年。

（4）保养任务

保养计划发布后，根据保养计划定义，自动生成保养任务并展示。保养任务执行功能默认显示的是当前日期、当前用户所对应的当前班次的保养任务。

保养人员在对应的时间自动接收到保养任务，开始开展保养任务。

保养任务的执行支持系统和手机 APP 两种方式。在保养过程中，可以通过使用手机 APP 扫描设备的二维码快速反馈该设备的保养情况。

在提交保养任务时，需要反馈在保养过程中使用的工器具、耗材和工时等信息。

在保养过程中，如果发现设备异常，可以直接发起报修单，启动设备报修工单流程。

8.2.6　排班管理

排班管理是对现场值班人员进行管理，按照排班计划进行人员的轮岗管理。排班管理通过对排班类型分类和班组管理，实现不同班组的分类管理，同时方便每个值班人员查询各自的排班情况，避免出现遗漏。

排班管理包含：排班类型、人员管理和排班表功能。

（1）排班类型

排班类型用于创建班制信息，是编制排班表的基础。

（2）人员管理

人员管理是对设备相关人员的集中管理，包括对其相关合同、资质、证书等的管理。

人员管理可在缺陷故障管理、保养管理、巡检管理、工单管理部分直接引入使用。

（3）排班表

依据排班类型、人员管理的数据基础，进行排班表的维护。排班表管理也可以支持员工查询自己每个月的排班情况。

排班时间表功能通过时间日历表的形式，展示当前周的排班情况，支持按月、日等方式切换，展示排班情况。

在后期设备运维过程中，能够自动将相关任务推送到相关人员。

8.2.7 设备台账管理

设备台账管理涵盖设备静态台账和设备动态台账。通过建立和完善设备基础信息，并在日常检修、巡检及保养等工作中关联设备信息，形成设备的动态台账。

设备台账管理功能包含设备类别维护、设备位置维护、设备信息维护、设备台账等功能。

（1）设备类别

设备类别维护用于对设备实现分类管理。设备类别是多层次结构的，维护完成保存后，以树形结构在左侧展示。同时满足设备信息维护时设备快速的归属分类。

设备类别树功能用于展示设备类别的树形结构，便于用户快速通过树形结构找到所需的设备。

设备类别列表支持数据的批量导出。

在设备类别列表功能里，可以进行设备类别信息的快速编辑。

（2）设备位置

设备位置维护用于维护建筑物的实际物理位置。设备位置是多层次结构的，维护完成保存后，以树形结构在左侧展示。同时满足设备信息维护时设备位置以及客户位置的快速定位。

设备位置树功能用于展示设备位置的树形结构，便于用户快速通过树形结构找到所需的设备位置信息。

设备位置列表支持数据的批量导出。

（3）设备信息

设备信息维护是建立在设备类别维护的基础上，设备类别维护完成后，通过设备信息维护功能，进行设备基本信息、设备位置以及安装历史信息的维护。

设备信息功能是建立设备台账的基础。

设备信息页面支持生成设备二维码，并打印张贴在设备上，实现设备二维码管理。

设备信息支持批量导入功能。

（4）设备台账

提供一套设备、空间编码标准体系，建立建筑暖通/空调、医疗器械、电梯、供配电、消防、给排水、洁净空调、气动物流等全类别设备和空间的标准编码，形成设备、空间管理台账，实现对设备的二维码管理。设备台账管理涵盖设备静态台账和设备动态台账。通过建立和完善设备基础信息，并在日常检修、巡检及保养等工作中关联设备信息，形成设备的动态台账。

设备台账功能主要用于设备信息的查询和设备的分析。

设备基本信息台账，给用户展示设备的基本信息情况及其在运行过程中的基本信息总览。

设备运维标准台账，给用户展示设备在运维过程中，所要遵循的缺陷故障检修标准、保养标准、巡检标准等运维标准台账。

设备运维台账，用于将设备在运行过程中发生的所有运维信息集中到一起进行管理，并进行相关分析，能够为设备运行提供一个可靠的数据支撑，指导设备运维的方向。

8.3　综合监控安全保障系统

8.3.1　建设范围

综合监控模块旨在掌握建筑后勤保障的各机电子系统的安全运行状态，重点包括各机电设备站房和重点设备，重点关注设备运行安全，第一时间掌握其告警问题点等情况。重点监测区域需做到各机电设备的全面监测。

综合监控模块的建设范围包括建筑内所有产权内设备，覆盖电专业、水专业、暖通专业、电梯专业、消防专业等。

电专业监测点位具体范围包括：变电所、配电房、变压器、电控间等。

水专业监测点位具体范围包括：泵房、设备间、机房等。

暖通专业监测点位具体范围包括：冷冻站等。

电梯专业监测点位具体范围包括：各电梯机房。

环境监测点位具体范围包括：机房及部分公共区域。

其作用如下：系统能够对设备实时获取各设备系统（暖通/空调、供配电、给排水、电梯等）的实时运行状况，对设备故障进行快速定位与故障原因正向/

逆向快速排查，并能够实现设备与管道的运行系统（包括子系统）实体效果的运行联动。

能够进行设备告警信息、能耗信息的可视化展示，展示设备相关仪器、仪表及控制系统实时运行数据。

能够进行水、电、空调、气体等专业的实时监测、告警操作等，支持设备安全监控、监测仪器/仪表。

作为设备安全管理的核心应用，设备监测与告警相关仪表/仪器按照系统的编码体系进行集成，所有监测/监控的仪器/仪表应能够与系统进行实时通信，对设备告警信号能够自动识别其分类信息并能够实时调用视频监控（如已安装视频监控设备）。

告警管理具备分级管理功能，能够进行告警信息的分级展示。

具备基于 HTML5 的 WEB 组态工具，支持监控系统界面的自定义组态配置，支持远程组态。要求提供配置过程产品截图。

具备安全警示挂牌功能，支持对设备的故障、检修、危险状态进行警示。

8.3.2　系统架构

系统架构如图 8-12 所示。综合监控功能主要分为数据采集、业务展现、运维工具等内容。数据采集包括外部系统层、接口层、数据层三部分；业务展现包括平台层、业务层与发布层；运维工具包括接口管理、报表工具、组态工具、系统维护工具等内容。

（1）外部系统层

主要负责接入综合监控系统的各类外部子系统或智能仪表/设备。子系统主要包括变配电系统、照明系统、暖通系统、视频系统、环境监控系统、给排水系统及其他需要展现的各类系统；智能仪表/设备主要包括智能电表、智能水表、智能能量表等。

（2）接口层

接口层主要负责连接各子系统、设备的接口，包括 OPC、TCP/UDP、Modbus、ODBC 或其他自定义的接口协议。接口拥有点位管理、通信管理、本地缓存、时钟同步、数据补召等功能。

（3）数据层

数据层主要负责实时数据库和关系数据库。

（4）平台层

综合监控平台包括技术平台、监控模型和数据引擎。监控模型包括模型库、

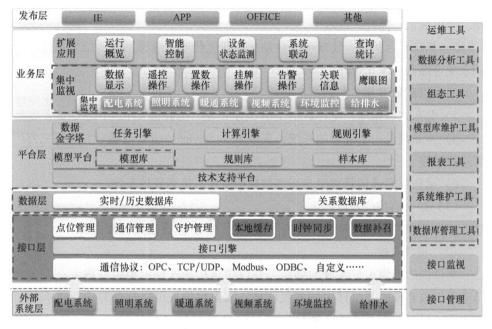

图 8-12 信息系统架构图

规则库、样本库；数据引擎包括任务引擎、计算引擎、规则引擎。

（5）业务层

业务层主要包括集中监视和扩展应用两部分内容。其中集中监视部分包括运行概况、智能控制、设备状态监测、系统联动和查询统计等内容。

（6）发布层

发布层主要是综合监控系统外部展现手段，主要包括：IE 浏览器、APP、OFFICE 办公软件和其他。

（7）运维工具

运维工具主要是接口管理、接口监视、数据库管理工具、报表工具、组态工具、数据分析工具等。

8.3.3 综合监控系统功能

综合监控系统覆盖了从上到下四层，即感知层、通信层、平台层和应用层。并在每一层都提供了自研产品，核心竞争力强。

1）对接成本低：减少/免除设备层、通信层与服务层的对接调试费用。

2）稳定性好：各层、各设备间充分测试，故障率低。

3）施工时间短：各层、各设备出厂前调试好，现场工期短。

4）运维简单高效：平台记录各系统原生数据，可避免多厂家之间故障定位难、扯皮现象，提升运维效率。

5）系统平台扩展：实现配电自动化、智能照明、电梯系统、给水系统、空调系统等综合一体化管理。

6）支持 WEB 服务与数据库隔离。

7）分布式数据库，支持数据 1+N 冗余机制，为数据安全提供了保证。

8）本系统是一个开放的系统，支持 Web Service、OPC 等接口，与第三方厂家进行对接。

9）通信层的通信管理机支持多种规约协议，接纳各种表计。

（1）综合监控门户

综合监控门户组件展示各系统告警信息，并快速连接到告警页面。

（2）视频监控

组件内的摄像头与区域的绑定关系以树结构形式展示至组件内部；双击树节点可以收起和展开组件内的各级区域；双击摄像头可以打开对应摄像头的监控画面，可对监控画面进行角度调整。

（3）暖通空调监测

实现对暖通空调系统设备的运行状态、运行参数的实时监测和控制。

（4）给排水监测

支持按区域拓扑中选中对象，查看不同节点的数据信息。

（5）环境监测

支持按区域拓扑中选中对象，查看不同对象对应的环境信息。

（6）电梯监控系统

救援报警：困人停梯救援报警，连接当地政府应急救援平台。

自动保障：实时监控电梯；电梯故障自动报警；报警视频实时推送。

实时监控：利用物联网对电梯进行视频实时监控。

（7）热泵系统

实现对热泵系统设备的运行状态、运行参数的实时监测和控制。

（8）其他系统

其他系统以系统集成的方式连接。

其他系统的监控范围包括：变配电系统、消防系统、门禁系统等其他后勤指挥运维相关的弱电系统。

（9）综合监控分析

可查询各子系统的系统指标、设备指标、系统运行、设备运行四大类的计算结果，并提供曲线图与表格图两种展示方式。

提供查询数据导出功能，可轻松将页面查询的数据导出成 Excel 表格。

对于指标类的结果提供计算数据的同比、环比值。

根据选择的时间范围页面进行查询时，自动选择不同的颗粒度，保证页面更清爽简洁。

（10）集成告警

可通过起止时间、关键字、告警等级（可以细化为 10 个等级）、告警状态（可以自动生成，支持人工干预）、告警类型（对设备运维工程中参数状态均能囊括）、区域、业态等条件，查询告警信息并导出结果集。

可对告警信息进行单条、批量的操作处理（确认、处理、撤销、查看详情）。

（11）实时联动

实时联动功能用于告警信息联动和公示联动，进行遥控/遥调、第三方系统链接打开、视频系统打开的控制操作。包括：

1）在告警产生时，联动报修系统的工单产生功能。

2）摄像头联动。

第**9**章

案例分析

9.1　国内氢能综合利用示范工程

　　相比于国外的基于氢燃料电池的综合能源系统示范工程，国内规模化示范相对较少。仅辽宁营口于 2016 年投运了 2MW 的质子交换膜燃料电池发电系统，热电联供总效率为 75%。系统采用 336 个荷兰 Nedstack 公司的电堆，单个电堆功率 10kW。该系统功能较单一，只能利用纯化副产氢发电，利用余热供暖，且未能实现国产化。

　　目前安徽六安兆瓦级氢能综合利用站科技示范项目选址在安徽省六安市明天氢能产业园区内，占地面积 10.7 亩，站址概况如图 9-1 所示，当地具有丰富的光伏发电资源，可缓解地区电网调峰压力。站址位于六安市金安区国道G312 与西湖路交叉路口东南侧，站址西侧西湖路，北侧、西侧及南侧均是氢能产业园区规划的道路，交通便利。

　　工程在建制氢-储氢-燃料电池发电-热电联产全链条氢能电站示范，包含1 兆瓦质子交换膜电解水制氢模块、储

图 9-1　站址概况图

氢模块、1 兆瓦质子交换膜燃料电池发电模块和余热利用模块，能够实现制氢、储氢、售氢、氢能发电等多种功能。根据本项目融合可再生能源发电与氢能循环利用的综合能源系统示范工程方案设计，计划在现有系统基础上集成规模为 100kW的风光互补发电模块和 5kW 基础电堆搭建的固体氧化物燃料电池模块。系统设计如图 9-2 所示，通过风光发电系统电解水制氢为燃料电池提供氢气，燃料电池电堆本体将氢气转换为直流电，经逆变和升压装置接入电网进行电网调峰应用。

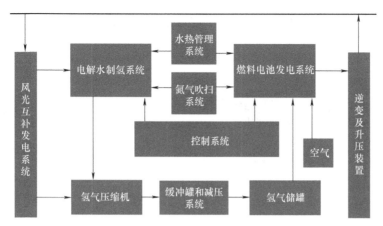

图 9-2　氢综合能源系统

燃料电池两组电堆（包含质子交换膜燃料电池电堆和固体氧化物燃料电池电堆）分别经直流配电网接入并网变流器，再经双分裂升压变压器将电压升压到 10kV，如图 9-3 所示。发电系统升压至 10kV 后，通过 10kV 线路接入 10kV

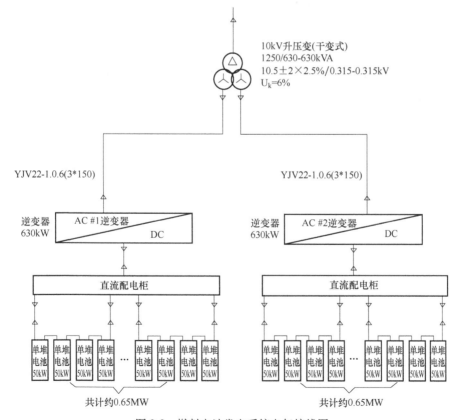

图 9-3　燃料电池发电系统电气接线图

三十铺开闭所，新建线路长约 3.5km，接入系统示意如图 9-4 所示。

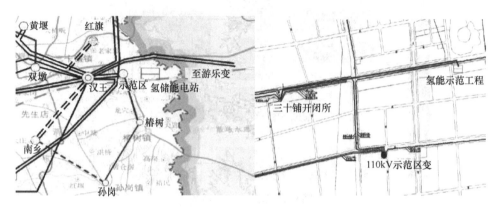

图 9-4　接入系统示意图

　　本工程拟在用电低谷时采用光伏电解水制氢，在用电高峰时利用燃料电池发电系统并网发电，有利于缓解地区电网调峰压力。促进氢综合能源系统规划和集成技术的提升，支撑氢能战略新兴产业的发展，为未来建设氢综合能源网络奠定基础。

9.2　安徽省六安市兆瓦级氢能综合利用站科技示范工程技术创新点

　　（1）基于氢燃料电池的综合能源系统异质能流同质表征

　　基于㶲分析方法，研究基于氢燃料电池的综合能源系统中异质能流同质表征，精细化分析氢能系统的能量和物质转换过程与功能单元输入输出环节的适配关系，建立反映元件拓扑、能量与物质转换的机理、数量关系等的综合能源系统模型。

　　（2）基于非合作博弈建立综合能源系统商业模式

　　基于博弈论，研究氢燃料电池综合能源系统投资类别、市场主体、回报机制、监督机制、市场主体博弈关系与边界条件，利益攸关方的收益/支付函数与参与方策略集，构建多元主体的价值分析模型，建立基于商业非合作博弈的综合能源系统模式。

　　（3）基于模块化设计和流程仿真思想的综合能源仿真平台自主开发

　　基于能质平衡，建立高普适性的系统关键部件模型库；采用面向对象的建模思想，对部件模型形成统一封装，针对不同的氢燃料电池综合能源系统拓扑结构，可以实现图形化界面下的自由组合和模块化设计；基于方程的求解器在计算效率、设计/校核模式的灵活切换方面,比传统的基于数值的迭代算法更具优势。

(4)适用于综合能源系统的氢浓度探测模型和故障预警关键参数分析

综合考虑各种影响因素,结合实验和计算流体力学数值模拟技术,对受限空间内氢气泄漏扩散特性、氢气浓度时空动态分布进行研究,最终建立受限空间内氢气浓度时空分布预测模型,指导基于氢燃料电池的综合能源系统各环节的安全设计。并根据系统自动化控制及实时监控系统,综合考虑传感器布置及控制逻辑,搭建电解制氢、储氢和氢燃料电池系统的特征氢浓度探测系统,实现故障预警特征参数的准确测量。

(5)基于模型预测控制理论的氢燃料电池综合能源系统耦合控制方法

提出基于模型预测控制理论的综合能源系统耦合控制方法,突破氢燃料电池综合能源系统中异质能流边界,克服综合能源系统的多重不确定性及复杂耦合关系,有效实现综合能源系统多能互补优化运行。

9.3 安徽省安庆市第一人民医院能源托管案例

安庆市第一人民医院龙山院区(见图9-5)为新建院区,总建筑面积 23.9 万 m^2,空调使用面积 13.5 万 m^2。

图 9-5 安庆市第一人民医院龙山院区

能源站由国家电网安徽综合能源服务有限公司建设运营,占地面积约 900 m^2,主要设备包括 3 台空调离心机组,制冷功率 3900 冷吨;1 台 1200 m^2 电蓄热锅炉,1 台 150 m^3 热水锅炉,9 台冷却塔,以及容量 10000kV·A 配套供电设施。提供集冷、热、电、汽、水于一体的能源服务,项目于 2019 年 12 月竣工运行。项目技术路线如图9-6所示。

项目运作模式:

1)商业模式:国家电网安徽综合能源服务有限公司采用能源托管模式为医

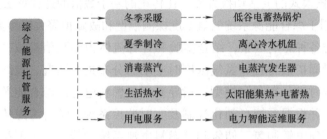

图 9-6　项目技术路线

院提供工程建设、投资服务、运营管理、技术支撑为一体的定制化智慧能源服务，运维托管服务 15 年。

2）经济效益模式：医院能源使用效率可提高 16% 左右，每年可节约能源费超 200 万元。

3）社会效益分析：为新建医院用能提供了一套经济高效能源服务模式，托管期内每年减少 CO_2 排放 2300 吨，为医院实现"碳中和"提速 60%。

项目采用能源托管的商业模式，推动了医院能源供应服务模式的转变，实现了医院能源供应清洁化、能源使用高效化、能源运营专业化。新建医院能源托管模式降低了用户投资，为新建医院用能需求提供了技术方案、商业模式的样板，示范引领了省内数十家医院采取能源托管模式。

第**10**章

未来综合能源市场展望

1. 未来综合能源市场的两大发展趋势

中国综合能源服务市场虽然起步相比美、日等发达国家较晚，但是国家层面对于其发展的定位却并不低，"高质量、可持续"一定是其既定的发展趋势。综合能源服务尚属新兴业务，其内涵之新、外延之广，从其与新基建、碳中和等国家新发展战略的吻合度可见一斑。

（1）能源数字化发展趋势

能源产业一旦与数字新基建相结合，就会插上腾飞的翅膀，拥有无限的发展外延和遐想空间，而综合能源服务市场，也必须紧抓能源数字化这条发展主线，方可实现真正的高质量发展。我们正处在信息技术与能源体系相融合的时代，互联网信息技术与可再生能源的出现让我们迎来了第三次工业革命。在不远的将来，数以百万计的人们将实现在家庭、办公区域以及工厂中自助生产绿色能源的梦想。此外，正如人们在互联网上可以任意创建属于个人的信息并分享一样，任何一个能源生产者都能够将所生产的能源通过一种外部网格式的智能型分布式电力系统与他人分享，数字化催生的能源产销系统革命，必然是未来的发展趋势。

（2）能源清洁化发展趋势

能源产业想要持续发展，必须实现清洁能源的充分替代。放眼全球，美国、俄罗斯、沙特、科威特、阿联酋、阿曼等世界主要产油国的石油产量占据世界总产量的半数以上。我国的能源安全问题在能源消费结构方面较为突出。因此，发展清洁能源、减少对化石能源和进口能源的依存度，也是综合能源市场未来的发展趋势。

2. 驱动综合能源市场高速发展的三驾马车

（1）第一驾马车——资本

社会经济和企业发展，都需要能源。针对综合能源服务的一次性投资大、持续回收年限长等一系列特点，可采用免费建设、长期运营、共享收益的合同能源管理、BOT等商业模式。因此，依靠能源公司、专业基金等第三方，通过资本拉动的方式开发市场，目前是非常有效的方式，可迅速推广综合能源的市场占有率。资本，在相当长一段时期内，都会是动力最为强劲的"马车"。

（2）第二驾马车——低碳

全球气候变暖，是一个人类社会发展和经济发展碰到的严峻问题。1997年的《京都议定书》，是第一部有法律约束力的气候治理文件；2015年的《巴黎协定》中，确立了世界应对气候变化总目标即把全球平均地表气温升幅控制在工业化前水平的2℃以内，并努力限制在1.5℃以内。中国以更加积极的态度应对气候变化，具体就体现在"力争2030年前二氧化碳排放达到峰值、努力争取2060年前实现碳中和"的重要承诺。而综合能源服务，也必将成为社会和企业发展的必然选择，无论是企业落地的"环评""能评"，还是城市的空气质量、"双控"指标，都是对综合能源的召唤，因此说低碳这驾"马车"是综合能源市场发展的强大驱动力。

3. 第三驾马车——技术

综合能源的血脉中，天然具有数字化和智能化的基因，不仅仅是在数字化新基建这趟快车中拥有重要的一席之地，而且在当前任何前沿的技术领域内，都不可或缺，可以说，数字化是当今许多技术的基础。综合能源领域是技术的主战场，综合能源领域内的技术，不仅十分密集、前沿，而且还在持续不断地创新中。比如，氢能的安全运输、存储和利用，光、储、充一体化稳定的柔性交直流系统，企业能效提升中的AI技术深度融合应用等。当前国内的诸多技术，已经与国际完全接轨，甚至在全世界领先。比如，光伏的全产业链的技术和生产，乃至市场推广和应用，在国际竞争中，处于优势地位。技术拉动的综合能源项目和市场，潜力十分巨大，需求十分旺盛，前景不可限量。技术是综合能源市场可持续发展不可或缺的"马车"。

4. 第三次工业革命与新能源经济系统

第一次工业革命使19世纪的世界发生了翻天覆地的变化，第二次工业革命为20世纪的人们开创了新世界，第三次工业革命同样也将对21世纪产生极为重要的影响，它将从根本上改变人们生活和工作的方方面面。以化石燃料为基础的第二次工业革命给社会经济和组织架构塑造了自上而下的结构，如今第三次工业革命所带来的绿色科技正逐渐打破这一传统，使社会向合作和共享关系发展。

（1）第三次工业革命的五大支柱

正如历史上任何其他的通信、能源基础设施一样，支撑第三次工业革命的各种支柱必须同时存在，否则其基础便不会牢固，因为五种支柱是靠相互间的联系而发挥作用的。第三次工业革命的支柱包括以下五个：①向可再生能源转型；②将每一大洲的建筑转化为微型发电厂，以便就地收集可再生能源；③在每一栋建筑物以及基础设施中使用氢和其他存储技术，以存储间歇式能源；④利用互联网技术将每一大洲的电力网转化为能源共享网络，这一共享网络的工作原理类似于互联网（成千上万的建筑物能够就地生产出少量的能源，这些能源多余的部分既可以被电网回收，也可以被各大洲之间通过联网而共享）；⑤将运输工具转向插电式以及燃料电池动力车，这种电动车所需要的电可以通过洲与洲之间共享的电网平台进行买卖。

（2）分布式能源与智能电网

正如互联网创造了数以百计的商业机会和数百万的就业机会，智能电网会带来同样的辉煌。只不过"它将比互联网大 100 或者 1000 倍"，思科公司玛丽·哈塔尔指出，虽然有一些家庭已经接入互联网，但是还有一些没有接入网络，由于每个家庭都连接了电网，因此所有家庭都有可能通过电网连接起来。第二代信息技术改变了以往影响经济的因素，从分布集中的传统化石燃料以及铀能源向分散式的新型可再生能源转移。

（3）氢能在未来能源市场中的发展前景

目前，氢气备受科学家和工程师的推崇。但在自然界中，它不是以独立的形态存在的，而是以不同形式存在于其他能源之中，比如，煤炭、石油、天然气中。事实上，大部分用于商业和工业的氢气是从天然气中提取的。氢气也可以从水中分解出来，大家都知道高中化学课的电解实验，将阴阳两个电极放置在具有更好传导性的电解液中，当直流电通过时，氢气便会在负极释放出来，氧气在正极释放出来。可以从无碳的光、风、氢、地热等能源中产生电，再用这些电去分解水中的氢气、氧气，关键是提高这个过程的效率与效益。

参 考 文 献

[1] 张治新, 陆青, 张世翔. 国内综合能源服务发展趋势与策略研究 [J]. 浙江电力, 2019, 38 (02): 1-6.

[2] 周伏秋, 邓良辰, 冯升波, 等. 综合能源服务发展前景与趋势 [J]. 中国能源, 2019, 41 (01): 4-7, 14.

[3] 周伏秋, 蒋焱, 邓良辰, 等. 能源变革新时代综合能源服务市场机遇 [J]. 电力需求侧管理, 2019, 21 (04): 3-6.

[4] 李佳滢. 建设工程节能技术 [M]. 南京: 江苏凤凰科学技术出版社, 2016.

[5] 刘介才. 供配电技术 [M]. 北京: 机械工业出版社, 2017.

[6] 刘趁菊, 马同强. 电气照明节能设计 [J]. 硅谷, 2011 (10): 1.

[7] 卢建强, 孙培德, 顾宝龙. 关于旋转电机的分类及其总结 [J]. 微计算机信息, 2004 (12): 37-39.

[8] 吴周, 姜俪媛, 姚岚, 等. 采暖系统电锅炉节能改造分析 [J]. 中国科技信息, 2015 (24): 127-128, 118.

[9] 王逸飞. 工业锅炉节能技术研究综述 [J]. 应用能源技术, 2016 (07): 25-28.

[10] 钟卫林. 铝电解节能技术综述 [J]. 有色冶金节能, 1996 (04): 3-12.

[11] 周藤. 现行住宅采暖技术综述 [J]. 建筑创作, 2004 (10): 124-128.

[12] 王丽瑶. 电动汽车充电技术综述 [J]. 时代农机, 2019, 46 (07): 96-97.

[13] 黄默涵, 林鑫. 电动汽车交流充电桩测试 [J]. 甘肃科技, 2014, 30 (16): 48-50, 75.

[14] 白磊成. 电动汽车直流充电桩的设计与研究 [J]. 科技视界, 2016 (12): 290-291.

[15] 贺佳佳. 电动汽车直流充电桩的设计与研究 [D]. 西安: 西安理工大学, 2016.

[16] 毛东升. 电动汽车直流充电桩系统的设计与实现 [J]. 自动化应用, 2018 (10): 1-2, 5.

[17] 史世坤. 工业空气压缩机系统节能技术研究 [D]. 哈尔滨: 哈尔滨工业大学, 2013.

[18] 周佃民. 压缩空气系统节能技术综述 [J]. 上海节能, 2010 (10): 36-41.

[19] 相玲. 变频调速技术在风机、水泵节能改造中的应用 [D]. 北京: 华北电力大学, 2012.

[20] 焦杰, 文泽军. 基于 SCADA 数据的风力发电机发电性能指标评估 [J]. 现代电力, 2020, 37 (05): 539-543.

[21] 陈天, 韩林阳, 王鹏. 虚拟电厂的基本结构与运行控制方案概述 [J]. 中国电力企业管理, 2020 (28): 57-61.

[22] 张星星. 电网设备能效评估方法及应用研究 [D]. 长沙: 湖南大学, 2016.

[23] 张思远, 牛亚兵, 喻凯, 等. 综合能源服务开发运营模式及运行机制 [J]. 现代商业, 2021 (31): 146-148.

[24] 高正阳. 新电改背景下电网企业综合能源服务商业模式分析 [J]. 中国高新科技, 2021 (18): 21-22.

［25］王小彦. 电网企业综合能源服务平台发展研究［D］. 南京：东南大学，2020.

［26］付穗玲. G电网公司综合能源服务商业模式的研究［D］. 广州：广东工业大学，2020.

［27］舒星茸. 电力企业综合能源服务的实践与思考［J］. 中国高新科技，2019（23）：13-14.

［28］胡若云，张维，李剑白，等. 基于"互联网+"的综合能源服务发展策略研究［J］. 山东电力技术，2020，47（02）：43-46.

［29］马建勋. 计及绿色证书交易的综合能源服务商优化运行策略［D］. 北京：华北电力大学，2021.

［30］米建华. 当前我国电力行业节能节电政策综述［J］. 电力设备，2007（07）：4-6.

［31］陈成敏. 加快打造油气氢电服综合能源服务商［N］. 中国石化报，2021-12-14（001）.

［32］张运洲，代红才，吴潇雨，等. 中国综合能源服务发展趋势与关键问题［J］. 中国电力，2021，54（02）：1-10.

［33］徐毅. 综合能源服务发展政策工具选择研究［D］. 北京：华北电力大学，2021.

［34］雅萨尔. 德米雷尔. 能量产生、转换、储存、节能与耦联［M］. 闫怀志，等译. 北京：机械工业出版社，2015.

［35］王伟，王艳春. 热电联产项目研究现状综述［J］. 中小企业管理与科技（上旬刊），2013（05）：296-297.